蔬菜主要病虫害识别与防治彩色图谱

吕国强　主编

河南科学技术出版社
·郑州·

图书在版编目（CIP）数据

蔬菜主要病虫害识别与防治彩色图谱 / 吕国强主编. — 郑州：河南科学技术出版社, 2015.11（2024.8重印）

ISBN 978-7-5349-7677-3

Ⅰ. ①蔬… Ⅱ. ①吕… Ⅲ. ①蔬菜－病虫害防治－图谱 Ⅳ. ①S436.3-64

中国版本图书馆CIP数据核字(2015)第042342号

出版发行：河南科学技术出版社

地址：郑州市经五路66号　　邮编：450002

电话：（0371）65737028 65788613

网址：www.hnstp.cn

策划编辑：陈淑芹　杨秀芳　　编辑信箱：hnstpnys@126.com

责任编辑：陈淑芹

责任校对：柯　姣

封面设计：张　伟

版式设计：张　伟

责任印制：朱　飞

印　　刷：永清县晔盛亚胶印有限公司

经　　销：全国新华书店

幅面尺寸：210 mm × 292 mm　　印张：7.5　　字数：180 千字

版　　次：2015年11月第1版　　2024年8月第2次印刷

定　　价：68.00 元

《蔬菜主要病虫害识别与防治彩色图谱》

编写人员名单

主　编　吕国强

副主编　胡　锐　邢彩云　彭　红　蔡　聪

编　者　赵文新　孙红霞　费小玲　朱素梅　刘　启

刘国定　孙志刚　冯贺奎　任玉国　吴长好

何　部　王建敏　李　强　韩宏坤　郭建勋

郑丽霞

前言

我国是世界上农业生物灾害发生最严重的国家之一，常年发生的农作物病、虫、鼠、草多达 1 700 种，其中可造成严重损失的有 100 多种，有 53 种属于全球 100 种最具为害性的有害生物。许多重大病虫一旦暴发成灾，不仅为害农业生产，而且影响食品安全、人身健康、生态环境、产品贸易、经济发展乃至公共安全。人类历史上，马铃薯晚疫病、水稻胡麻斑病、小麦条锈病的跨区流行和东亚飞蝗、水稻两迁害虫的暴发为害均给农业生产带来过毁灭性的损失；小麦赤霉病和玉米穗腐病不仅影响粮食产量，其霉菌毒素还可导致人畜中毒和致癌、致畸。专家预测，未来相当长时期内，病虫发生将呈持续加重态势，监测防控任务会更加繁重。《国家粮食安全中长期规划纲要（2008—2020）》提出，要通过加大病虫监测和防控工作力度，到 2020 年，使病虫为害损失再减少一半，每年再多挽回粮食损失 100 亿公斤。为此，迫切需要提高农业有害生物监测预警水平和防控能力，有效控制其发生和为害，确保人与自然和谐发展。

河南地处中原，气候温和，是我国大区域流行性病害和远距离迁飞性害虫的重发区，农作物病虫害种类多，发生面积大，暴发性强，成灾频率高。据不完全统计，每年各种病虫发生面积达 6 亿亩次以上，占全国的十分之一，对农业生产威胁极大。近年来，受全球气候变暖、耕作制度变化等多因素的综合影响，主要农作物病虫害的发生情况出现了重大变化，常发病虫此起彼伏，新的病虫不断传入，因此，摸清病虫发生种类、明确分布区域、研究为害特点，提高监测防控、决策管理和植保科学研究的针对性，成为当务之急。

2009—2013 年，河南省承担了农业部下达的公益性行业（农业）科研专项“主要农作物有害生物种类与发生为害特点研究”项目子课题（项目编号：200903004-31），省植保植检站组织全省植保部门通过五年的大田普查工作，进一步澄清了主要农作物病虫种类，明确了为害优势种群，进行了地理信息区划，圆满完成课题预定任务。与此同时，拍摄了 5 万多张珍贵病虫图片，在此基础上，组织专家经过反复鉴定遴选，编写了这本《蔬菜主要病虫害识别与防治彩色图谱》，作为国家公益性行业（农业）科研专项——主要农作物有害生物种类与发生为害特点研究项目成果丛书之一出版，以飨读者。

该书共精选蔬菜 60 种病虫原色图片 200 多张，在图片选择上，突出病害田间发展和虫害不同时期的症状识别特征，同时，还详细介绍了主要病虫的分布区域、形态（症状）特点、发生规律及综合防治技术，力求做到内容丰富，图片清晰，图文并茂，科学实用，适合各级农业技术人员和广大农民群众阅读，也可供植保科研、教学工作者参考。

在本书的编写过程中，得到了农业部公益性行业（农业）科研专项 — 主要农作物有害生物种类与发生为害特点研究项目办公室、执行专家组、咨询鉴定专家委员会在资金和技术方面的大力支持，河南省植保推广系统广大科技人员通力合作，深入生产第一线辛勤工作，为编委会提供了大量基础数据和图片资料，河南农业大学、河南省农业科学院有关专家参与了部分病虫图片的鉴定工作，在此一并致谢！

由于时间紧，编写者水平有限，加之受基层植保部门拍摄设备等因素的限制，书中所展示的病虫种类距生产实际尚有一定差距，图片、文字资料的谬误之处也在所难免，敬请广大读者、同行谅解并批评指正。

编者

2014 年 5 月

目录

第一部分　蔬菜主要病害

第二部分 蔬菜主要害虫

第一部分

蔬菜主要病害

1. 番茄晚疫病

分布为害

番茄晚疫病是番茄上的重要病害之一，广泛分布于河南省番茄种植区。在保护地、露地栽培的番茄上普遍发生，但主要为害保护地番茄。连续阴雨天气多的年份为害严重。发病严重时造成茎部腐烂、植株萎蔫和果实变褐色（图 1，图 2），影响产量，病害流行年份可减产 20% ~ 40%。

图 1　番茄晚疫病造成植株干枯

症状特征

主要为害幼苗、叶片、茎和果实，以叶片和青果发病重。幼苗期染病，叶片初呈水浸状暗绿色，叶柄处腐烂，病斑由叶片向主茎蔓延，使茎变细并呈黑褐色，引起全株萎蔫或折倒，湿度大时病部表面产生稀疏白色霉层。成株期多从植株下部叶片叶尖或叶缘开始发病，初为暗绿色水浸状病斑，扩大后转为褐色，湿度大时病斑叶背病健部交界处长白色霉层（图 3，图 4）。茎和叶柄染病，病斑呈水浸状黑褐色腐败状，使植株萎蔫（图 5，图 6）。青果发病，在近果柄处产生油浸状暗绿色云纹状不规则病斑，后变成暗褐色至棕褐色，稍凹陷，边缘明显，云纹不规则，果实坚硬，湿度大时病部有少量白霉（图 7）。

图 2　番茄晚疫病大田症状

图 3　番茄晚疫病病叶

图 4　番茄晚疫病病叶及叶柄

图 5　番茄晚疫病病茎

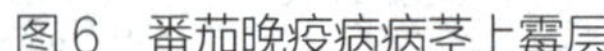
图6 番茄晚疫病病茎上霉层

图7 番茄晚疫病病果

发生规律

病原菌为真菌。病菌主要以菌丝体在保护地栽培的番茄植株越冬，也可以厚垣孢子形式在落入土中的病残体上越冬。病菌借气流或雨水传播，从番茄气孔、伤口或表皮直接侵入，在田间形成中心病株，进行多次重复侵染，引起该病流行。尤其中心病株出现后，伴随雨季到来，病势扩展迅速。当白天气温 24℃以下，夜间 10℃以上，相对湿度 75% ~ 100%，持续时间长，易发病。因此，降雨的早晚、雨日多少、雨量大小及持续时间长短是决定该病发生和流行的重要条件。地势低洼、排水不良、田间湿度大，易发病。在反季节栽培时，出现以上发病条件，此病也会大发生或大流行。

防治措施

1. 农业防治

种植抗病品种；采用营养钵、营养袋或穴盘等培育无病壮苗；与非茄科作物实行 3 年以上轮作；选择地势高燥、排灌方便的地块种植，合理密植，合理施用氮肥，增施钾肥；切忌大水漫灌，雨后及时排水；加强通风透光，保护地栽培时要及时放风，缩短植株叶面结露或出现水膜时间，及时打杈，防止棚室高湿条件出现，以减轻发病程度。

2. 物理防治

用 55℃温水浸种 15 ~ 20 min，然后再常温浸种 4 ~ 5 h。

3. 化学防治

该病发展蔓延较快，田间发现中心病株时及时施药防治，可喷洒 72% 霜脲氰 · 代森锰锌可湿性粉剂 400 ~ 600 倍液，或 72.2% 霜霉威盐酸盐水剂 800 倍液，或 58% 甲霜灵 · 代森锰锌可湿性粉剂 500 倍液，或 69% 烯酰吗啉 · 代森锰锌可湿性粉剂 900 倍液，或 25% 吡唑醚菌酯乳油 1 500 ~ 3 000 倍液，或 68. 75% 霜霉威盐酸盐 · 氟吡菌胺悬浮剂 800 ~ 1200 倍液，或 72.2% 霜霉威盐酸盐水剂 800 ~ 1 000 倍液加 10% 氰霜唑悬浮剂 2 000 ~ 2 500 倍液，每隔 7 d 喷 1 次，连续喷药 3 次。保护地栽培时，还可每亩施用 45% 百菌清烟剂 200 ~ 250 g 熏治或喷撒 5% 百菌清粉尘剂 1 kg，视病情间隔 7 ~ 10 d 用 1 次药。

2. 番茄病毒病

分布为害

番茄病毒病在河南省番茄种植区均有发生，一般年份可减产 20% ~ 30%，流行年份高达 50% ~ 70%，局部地块甚至绝产。

症状特征

主要有以下类型。

（1）花叶型：在叶片出现黄绿相间或深浅相间斑驳，叶片略有皱缩，明脉，花少果小而劣，病株较健株略矮。

（2）蕨叶型：表现为植株不同程度矮化，上部叶片开始全部或部分变成线状，中下部叶片向上微卷，花冠加长增大，形成巨花，结果少而小（图 1，图 2 ）。

图 1　番茄蕨叶型病毒病

图 2　番茄蕨叶型病毒病

（3）条斑型：叶、茎、果上初为深褐色斑，后叶片上为茶褐色的斑点或云纹；茎上呈条状黑褐色，病部稍凹陷，变色部分仅处在表层组织，不深入茎、果内部，严重时植株死亡；果实畸形，坚硬，病斑浅褐色，表皮凹凸不平（图 3，图 4）。

图 3　番茄条斑病毒病

图 4　番茄条斑病毒病病茎

（4）斑萎型：其症状变化大。苗期染病，幼叶变为铜色上卷，后形成许多小黑斑，叶背面沿脉呈紫色，有的生长点死掉，茎端形成褐色坏死条斑，病株仅半边生长或完全矮化或落叶呈萎蔫状，发病早的不结果。坐果后染病，果实上出现褪绿环斑，绿果略凸起，轮纹不明显，青果上产生褐色坏死斑，呈瘤状突起，果实易脱落（图 5）。成熟果实染病轮纹明显，红黄或红白相间，褪绿斑在全色期明显，严重的全果僵缩。

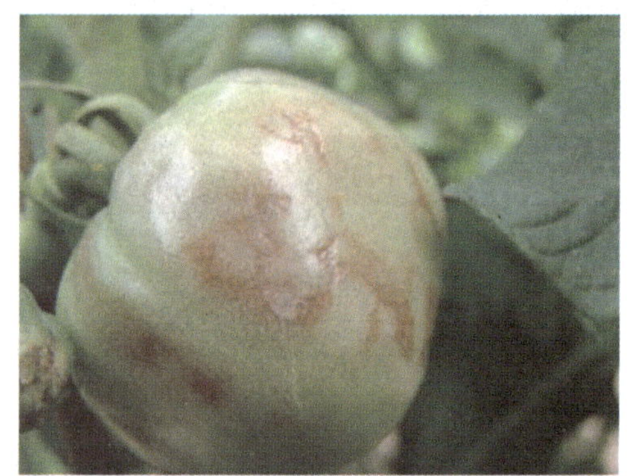

图 5　番茄斑萎病毒病病果

⑸黄化曲叶型：染病番茄植株矮化，生长缓慢或停滞，顶部叶片常稍褪绿发黄、变小，叶片边缘上卷，叶片增厚，叶质变硬，叶背面叶脉常显紫色。生长发育早期染病植株严重矮缩，无法正常开花结果；生长发育后期染病植株仅上部叶和新芽表现症状，结果数减少，果实变小，成熟期果实着色不均匀（红不透），基本失去商品价值（图 6）。

图 6　番茄黄化曲叶病毒病

（6）卷叶型：表现为叶脉间黄化，叶片边缘上卷，小叶呈球形，扭曲成螺旋状畸形，整个植株萎缩，有时丛生，染病早的，多不能开花结果。

（7）巨芽型：表现为顶部及叶腋长出的芽大量分枝或叶片呈线状、色淡，致芽变大且畸形，病株多不能结果，或呈圆锥形坚硬小果。

发生规律

由病毒引起的病害，引致番茄病毒病的毒源有 20 多种。主要有烟草花叶病毒（TMV），黄瓜花叶病毒（CMV）、烟草卷叶病毒（TLCV）、苜蓿花叶病毒（AMV）、番茄黄化曲叶病毒（TYLV 或 TY）、马铃薯 Y 病毒（PVY）、番茄烟粉虱双生病毒（WT g）、番茄斑萎病毒（TSWV）等。

烟草花叶病毒在多年生植物或杂草上越冬，种子也带毒，成为初侵染源，主要通过汁液接触传染，只要寄主有伤口，即可侵入，附着在番茄种子上的果屑也能带毒，此外土壤中的病残体，田间越冬寄主残体、烤晒后的烟叶、烟丝均可成为该病的初侵染源。

黄瓜花叶病毒主要由蚜虫传染，汁液也可传染，冬季病毒多在宿根杂草上越冬，春季蚜虫迁飞传毒，引致番茄发病。

番茄黄化曲叶病毒主要靠烟粉虱传播。烟粉虱有十多种生物型，其中B型烟粉虱繁殖快、适应能力强、传毒效率高，是最主要的传播介体。此病毒种子和摩擦接触均不传毒，因此黄化曲叶病毒病的暴发与烟粉虱暴发密切相关。不同的栽培季节，番茄黄化曲叶病毒病的发病程度存在显著差异，5 ~ 7 月播种的夏秋番茄发病严重，而 9 ~ 10 月播种的越冬番茄发病较轻。

番茄病毒病的发生与环境条件关系密切，一般高温干旱有利于发病和传播。施用过量的氮肥，植株组织生长柔嫩或土壤瘠薄、板结、黏重以及排水不良发病重。田间管理差，分苗、定苗、整枝等农事操作中病健株互相摩擦碰撞，都会导致发病。

防治措施

1. 农业防治

针对当地主要毒源，因地制宜选用抗病品种；与非茄果类蔬菜轮作 2 年以上，有条件的可在土壤中加施石灰或硫黄粉，底肥增施磷、钾肥，也可喷施芸薹素内酯等营养剂，提高植株的抗病能力；作物收获后，彻底清除植株茎秆、落叶和周边的各种杂草，保持田间卫生，减少虫源。

2. 化学防治

（1）种子处理：播种前用清水浸种 3 ~ 4 h，再放在 10% 磷酸三钠溶液中浸 40 ~ 50 min，捞出后用清水冲净再催芽，或用 0.1% 高锰酸钾溶液浸种 30 min，洗后催芽。

（2）早期防虫：可选用 10% 吡虫啉可湿性粉剂 2 500 ~ 3 500 倍液，或 1.5% 阿准菌素水剂 2 000 ~ 3 000 倍液，5% 啶虫脒乳油 3 000 ~ 4 000 倍液，或 4.5% 高效氯氰菊酯乳油 1 500 ~ 2 000 倍液，喷雾防治蚜虫、粉虱、蓟马。

（3）生长期防治：发病初期可选用 1.5% 烷醇·硫酸铜乳剂 1 000 倍液，或 20% 吗胍·乙酸铜可湿性粉剂 500 倍液，或 10% 宁南霉素可溶性粉剂 1 000 ~ 1 500 倍液，或 0.5% 菇类蛋白多糖水剂 250 倍液，或 10% 混合脂肪酸水剂或水乳剂 100 倍液，一般喷雾 3 ~ 5 次（视病情而定），每隔 7 ~ 10 d 喷 1 次。

3. 番茄根结线虫病

分布为害

番茄根结线虫病在河南省各地均有发生，一般发生年份减产10% ~ 15%，严重时达30% ~ 40%，甚至绝收。

症状特征

该病的典型特征是在病株根部的须根或侧根上产生肥肿畸形瘤状结（图1），剖开根结有很小的乳白色线虫埋于其内。一般在根结之上可生出细弱新根，再度染病，则形成根结肿瘤。发病轻的地上部症状不明显，重病株矮小，生育不良，结实小，干旱时中午萎蔫或提早枯死。

图1 番茄根结线虫病

发生规律

引起发病的线虫为南方根结线虫，属植物寄生线虫。根结线虫常以2龄幼虫或卵随病残体遗留土壤中越冬，可存活1 ~ 3年。翌年条件适宜，越冬卵孵化为幼虫，继续发育并侵入寄主，刺激根部细胞增生，形成根结或瘤。线虫发育至4龄时交尾产卵，雄虫离开寄主进入土中，不久即死亡。卵在根结里孵化发育，2龄后离开卵壳，进入土中进行再侵染或越冬。土温25 ~ 30℃，土壤持水量40%左右，病原线虫发育快，10℃以下幼虫停止活动，55℃经10 min死亡。地势高燥、土壤质地疏松、盐分低的条件适宜线虫活动，有利发病，连作地发病重。

防治措施

1. 农业防治

选用抗根结线虫品种，也可采用嫁接法防治根结线虫；与非寄主作物，最好与禾本科作物实行2 ~ 3年的轮作；合理施肥或灌水以增强寄主抵抗力；番茄生长期间发生线虫，应加强田间管理，彻底处理病残体，集中烧毁或深埋。

2. 物理防治

7月或8月高温闷棚进行土壤消毒，可杀死土壤中根结线虫和土传病害。

3. 化学防治

在播种或定植时，每平方米施用1.8%阿维菌素乳油1 mL，稀释2 000 ~ 3 000倍液，喷在地面上，立即翻入土中。或每亩用10%噻唑磷颗粒剂1 500 ~ 2 000 g撒施，或亩用5亿活孢子/克淡紫拟青霉颗粒剂3 ~ 5 kg处理土壤，或亩用35%威百亩水剂4 000 ~ 6 000 g，对水300 ~ 500 kg，于播前15 d开沟将药灌入，覆土压实，15 d后播种。

4. 番茄畸形果

分布为害

番茄畸形果也称变形果，是番茄常见的病害之一，以冬季保护地番茄发生较多。果实产生畸形后，使果实降低或失去商品价值。

症状特征

一般正常的果实为球形或扁球形，4 ~ 6个心室，放射状排列。而畸形果各式各样，田间经常见到的畸形果有纵沟果、扁圆果、椭圆果、偏心果、指突果、桃形果、豆形果、乱形果、菊形果，以及其他奇形怪状的果实(图1 ~图4)。形成畸形果的花、萼片和花瓣数量较多，子房形状不正。

图1　番茄畸形果出现纵沟

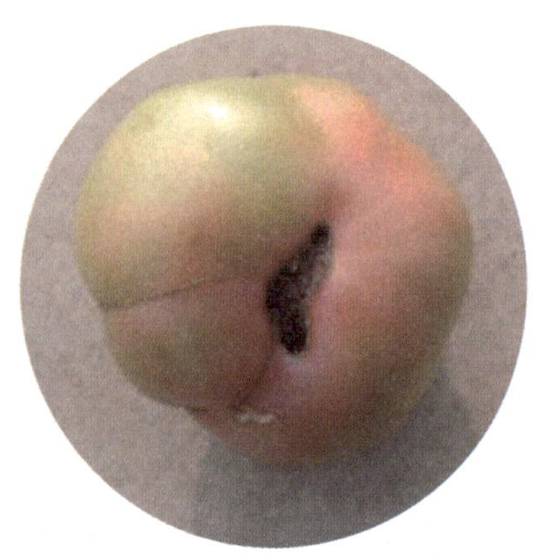

图2　番茄畸形果

图3　番茄果开裂

图4　番茄果环状裂果

发生规律

番茄畸形果的发生主要是由于环境条件不适宜，其中扁圆果、椭圆果、偏心果、双（多）圆心果等畸形果发生的直接原因是在花芽分化及花芽发育时，营养土中化肥过多，造成土壤中速效养分含量过高，根系吸收的大量养分积累在生长点处，肥水过于充足，超过了花芽正常分化与发育需要量，致使花器畸形，番茄心室数量增多，而生长又不整齐，从而产生上述畸形果。如遇上低温，即夜温低于 8℃、白天温度低于 20℃时，且地温低，呼吸消耗少时，更会加重病情。

指突果是在子房发育初期，由于营养物质分配失去平衡，而促使正常心皮分化出独立的心皮原基而产生的。

桃形果是由于植株老化，营养物质生产不足引起心室减少，子房畸形发育而成。使用 2，4–D 等激素蘸花时，浓度过高，会加剧病情，增多桃形果数量和严重程度。有人认为，番茄的花向下开放，蘸花或喷花后，多余的生长素液滴残留在花的幼小子房尖端，使果实不同部位发育不均，引起子房畸形发育，形成桃形果。

豆形果是因为营养条件差，本来要落掉的花虽经蘸花处理抑制了离层形成，勉强坐住了果，但因得到的光合产物少，长不起来或停止生长，从而形成豆形果。

菊形果系心室数目多，施用氮、磷肥过量或缺钙、缺硼时易产生。

防治措施

1. 选择合适的品种

选择耐低温、弱光性强、果实高桩形、皮厚、心室数变化较小不易发生畸形果的品种。

2. 加强温度管理

幼苗花芽分化期，尤其是 2 ~ 5 片真叶展开期，一般夜温控制在 12 ~ 16℃，白天温度 25 ~ 28℃，以利于花芽分化。定植后，白天温度保持在 25 ~ 28℃，夜晚 16 ~ 20℃。定植时间不宜过早，一般要在最低地温持续高于 10℃以上时再定植。

3. 加强水肥管理

育苗期间，避免土壤过干过湿，避免营养过剩，每 10 m^2 的苗床施 70 ~ 80 kg 优质土杂肥、0.4 ~ 0.5 kg 复合肥即可。定植时浇足、浇透定植水，缓苗后浇一遍小水，开花坐果前，再浇一遍小水，第一穗果鸡蛋大小时，再浇坐果水，以后保持不干不湿。定植后采取配方施肥技术，避免偏施、过施氮肥，适量增施磷、钾肥。适时喷施光合微肥、0.5% 尿素加 0.3% 磷酸二氢钾等叶面肥或含硼、钙的复合微肥。

4. 合理使用生长调节剂

幼苗出现徒长时，不要过分采用降温或干旱控苗措施，而应在加强通风、适当控湿的基础上，喷施 15% 多效唑可湿性粉剂 1 500 ~ 2 000 倍液，控制徒长，可提高幼苗质量。

5. 疏花疏果

发生畸形果后要及时摘除。一般花序的第一朵花易产生“鬼花”（即重合花），应结合蘸花把其疏掉，可减少畸形果的产生。

5. 辣椒病毒病

分布为害

辣椒病毒病广泛分布于河南省各地，尤其在高温干旱条件下易发生，一般发生田可减产 30% 左右，严重的高达 60% 以上，甚至绝产。

症状特征

常见有花叶、黄化、坏死和畸形等 4 种症状。

（1）花叶：分为轻型花叶和重型花叶两种类型，轻型花叶病叶初现明脉轻微褪绿，或现浓、淡绿相间的斑驳，病株无明显畸形或矮化，不造成落叶（图 1，图 2）；重型花叶除表现褪绿斑驳外，

图 1　辣椒病毒病轻型花叶

图 2　尖椒病毒病轻型花叶症状

叶面凹凸不平，叶脉皱缩畸形，或形成线形叶，生长缓慢，果实变小，严重矮化（图 3，图 4）。

（2）黄化：病叶明显变黄，出现落叶现象（图 5，图 6）；

（3）坏死：病株部分组织变褐坏死，表现为条斑，顶枯，坏死斑驳及环斑等（图 7，图 8）；

图 3　辣椒病毒病重型花叶

图 4　辣椒病毒病重型花叶

图 5　辣椒病毒病黄化

图 6　尖椒病毒病黄化症状

图 7　辣椒病毒病果坏死

图 8　辣椒病毒病叶部坏死

（4）畸形：病株变形，如叶片变成线状，即蕨叶，或植株矮小，分枝极多，呈丛枝状（图 9 ~ 图 12）。

有时几种症状同在一株上出现，或引起落叶、落花、落果，严重影响辣椒的产量和品质（图 13）。

图 9　辣椒病毒病畸形

图 10　尖椒病毒病畸形

图 11　尖椒病毒病丛生症状

图 12　尖椒病毒病矮化症状

图 13　辣椒病毒病严重受害状

发生规律

为害辣椒的病毒种类有黄瓜花叶病毒、烟草花叶病毒、马铃薯Y病毒、烟草蚀纹病毒、马铃薯X病毒、苜蓿花叶病毒、蚕豆萎蔫病毒、辣椒轻微斑驳病毒和番茄斑萎病毒等，其中黄瓜花叶病毒可划分为4个株系，即重花叶株系、坏死株系、轻花叶株系及带状株系。

传播途径随其毒源种类不同而异，但主要可分为虫传和接触传染两大类。可借虫传（蚜虫和蓟马等）的病毒主要有黄瓜花叶病毒、番茄斑萎病毒、马铃薯Y病毒及苜蓿花叶病毒，其发生与昆虫介体的发生情况关系密切，烟草花叶病毒靠接触及伤口传播，通过整枝打杈等农事操作传染。此外，定植晚，连作地，低洼及缺肥地易引起该病流行。

防治措施

1. 农业防治

选用抗病品种，适时播种，培育壮苗，要求秧苗株型矮壮，第一分杈具花蕾时定植；遮阴栽培及时防蚜虫。

2. 化学防治

播种前，种子用10%磷酸三钠浸种20 ~ 30 min后洗净催芽。在分苗、定植前，或花期分别喷洒0.1 ~ 0.2%硫酸锌。发病初期喷洒20%吗胍·乙酸酮可湿性粉剂500倍液，或1.5%烷醇·硫酸铜乳剂1 000倍液，或NS-83增抗剂100倍液，或0.5%菇类蛋白多糖水剂200 ~ 300倍液，隔10 d左右1次，连续防治3 ~ 4次。

6. 辣椒炭疽病

分布为害

辣椒炭疽病在河南省各地普遍发生(图1 ~图3)，通常减产20% ~ 30%，严重地块也有减产50%以上的。

图1　辣椒炭疽病病株

图 2　辣椒炭疽病病株

图 3　辣椒炭疽病后期病株

症状特征

主要为害果实。果斑近圆形至椭圆形，直径长达数厘米，边缘深褐色，中部淡褐色至褐色，有的稍凹陷，或隐现轮纹，斑面出现朱红色小点或小黑粒（图 4，图 5），病斑向纵深发展，致果肉变褐腐烂，病果不能食用。叶片染病，初为褪绿色水浸状斑点，后渐变为褐色，中间淡灰色，近圆形，其上轮生小点（图 6）。茎及果梗受害，病斑褐色凹陷，呈不规则形，表皮易破裂。

图 4　辣椒炭疽病病果

图 5　辣椒炭疽病病果

图 6　辣椒炭疽病发病初期病叶

发生规律

病原为真菌。病菌主要以菌丝体潜伏于种子内，或以分生孢子附着于种子表面，或以拟菌核随病残体在地上越冬，成为翌年初侵染源。主要依靠雨水溅射传播，也可借助小昆虫活动而传播，从伤口或表皮贯穿侵入致病。发病的最适宜温度为 24℃左右，相对湿度 97% 以上。温暖多湿的天气病害严重，烂果多。当气温达 30℃以上时，天气干旱的条件下停止发病扩展。重茬地、地势低洼、排水不良、氮肥过多、植株郁蔽或通风不良、植株生长势弱的地块发病重。

防治措施

1. 农业防治

与非茄果类蔬菜实行轮作；施用充分腐熟的有机肥。

2. 物理防治

用 55℃温水浸种 10 min 后，放入冷水中冷却后催芽播种。

3. 药剂防治

用种子重量 0.3% 的 50% 多菌灵可湿性粉剂或 25% 溴菌腈可湿性粉剂拌种。发病初期喷 25% 咪鲜胺乳油 600 倍液，或 50% 炭疽福美可湿粉剂 600 ~ 800 倍液，或 50% 混杀硫悬浮剂 500 ~ 800 倍液，或 50% 苯菌灵可湿性粉剂 1 500 倍液，或 50% 多菌灵可湿性粉剂 500 倍液，或 25% 腈苯唑悬浮剂 1 000 倍液，或 25% 溴菌腈可湿粉剂 500 倍液，或 75% 百菌清可湿性粉剂 600 倍液，或 70% 甲基硫菌灵可湿性粉剂 1 000 倍液，间隔 7 ~ 10 d 喷 1 次，连续 2 ~ 3 次。

7. 辣椒白粉病

分布为害

辣椒白粉病在河南省各地均有发生，在辣椒的各个生长期都容易出现，但其隐蔽性强，很难在早期发现。重发生时，对产量影响很大。

症状特征

仅为害叶片。老叶、嫩叶均可染病，病叶正面初生褪绿小黄点，后扩展为边缘不明显的褪绿黄色斑驳。病叶背面产出白粉状物，严重时病斑密布，终致全叶变黄（图 1）。病害流行时，白粉迅速增加，覆满整个叶部，叶片产生离层，大量脱落形成光秆。

图 1　辣椒白粉病

发生规律

辣椒白粉病是真菌病害。病菌以闭囊壳随病叶在地表越冬。在田间，主要靠气流传播蔓延，从寄主叶背气孔侵入。病菌形成和萌发适温 15 ~ 30℃，侵入和发病适温 15 ~ 18℃。一般 25 ~ 28℃和稍干燥条件下该病流行。发病一定要有水滴存在。

防治措施

1. 农业防治

选用抗病品种；加强肥水管理，以腐熟的有机肥作基肥，增施磷钾肥，切忌大水漫灌；对保护地要注意控制温度，防止棚室温度过低和空气干燥。

2. 化学防治

发病前期或初期，及时喷洒2%武夷菌素水剂150 ~ 200倍液，或2%宁南霉素水剂200倍液，或2%多抗霉素水剂200倍液，间隔7 ~ 10 d喷1次，连续喷洒2 ~ 3次；发病初期或中期喷洒2%武夷菌素水剂150 ~ 200倍液，或15%三唑酮乳油1 000倍液，或40%氟硅唑乳油8 000 ~ 10 000倍液，或10%苯醚甲环唑水分散粒剂2 000 ~ 3 000倍液，或25%腈菌唑乳油500 ~ 600倍液，或75%百菌清可湿性粉剂500倍液，隔7 ~ 10 d喷1次，连续防治2 ~ 3次。

8. 辣椒细菌性青枯病

分布为害

辣椒细菌性青枯病近年在河南省发生日趋严重，对产量影响明显。

症状特征

一般在苗期不发病，常在辣椒结果后才开始表现症状，至盛夏时发病最为严重。发病初期植株顶部叶片萎蔫下垂，接着下部叶片凋萎，最后中部叶片凋萎，也有一侧叶片先萎蔫或整株叶片同时萎蔫的。初发病时，病株白天萎蔫重，夜晚尚可恢复，2 ~ 3 d后全株萎蔫死亡（图1 ~图3）。死株仍保

图1　辣椒细菌性枯萎病萎焉病株

图2　辣椒细菌性枯萎病发病后期枯死病株

图3　辣椒细菌性枯萎病病株

持绿色，但色泽稍淡。病株根部常变褐腐烂，病茎表皮粗糙，茎中下部增生不定根，部分病茎可见 1 ~ 2cm 大小褐色病斑，纵切茎部可见木质部淡褐色，横切茎部保湿后手指挤压断面有白色混浊黏液溢出（图 4）。

图 4　辣椒细菌性枯萎病菌脓在水中溢出

发生规律

为细菌病害。病菌随寄主病残体遗留在土壤中越冬。翌年通过雨水、灌溉水、地下害虫、操作工具等传播，多从寄主根部或茎基部皮孔和伤口侵入，前期属于潜伏状态，条件适宜时即可在维管束内迅速繁殖，并沿导管向上扩展，使整个输导组织被破坏而失去功能，茎叶因得不到水分的供应而萎蔫。高温高湿的环境条件最有利于青枯病的发生，土温 20℃时病菌开始活动，土温达 25℃时病菌活动旺盛，田间往往出现发病高峰，土壤含水量达 25% 以上时，易于发病。雨后初晴，气温升高快，空气湿度大，热量蒸腾加剧，易促成此病流行，尤其是久雨或大雨后暴晴，病害往往暴发流行。微酸性或钾肥缺乏的土壤发病重。另外，地势低洼，排水不良的地块发病重。

防治措施

1. 农业防治

实行轮作，最好是水旱轮作；适期播种，培育壮苗、无病苗；清除病残体，结合整地每亩撒施 50 ~ 100 kg 石灰，使土壤呈微碱性，增施草木灰或钾肥也有良好效果；有机肥要充分发酵消毒；适当控制浇水，严禁大水漫灌，高温季节应在清晨或傍晚浇水；植株生长早期应进行深中耕，其后宜浅耕，至生长旺盛后期则停止中耕，以免损伤根系，利于病菌侵染。

2. 化学防治

发病期要预防性喷药，常用农药有 80% 乙蒜素乳油 1 500 倍液，或 14% 络氨铜水剂 300 倍液，或 77% 氢氧化铜可湿性微粒粉剂 500 倍液，或 72% 农用硫酸链霉素可溶性粉剂 4 000 倍，每隔 7 ~ 10 d 喷 1 次，连续防治 3 ~ 4 次。进入坐果期或发现病株后用 80% 乙蒜素乳油 1 500 倍液，或 77% 氢氧化铜可湿性粉剂 500 倍液，或 72% 农用链霉素可湿性粉剂 4 000 倍液灌根，每 7 ~ 10 d 灌 1 次，连续 3 ~ 4 次，也可用 50% 敌枯双可湿性粉剂 800 ~ 1 000 倍液灌根，每隔 10 ~ 15 d 灌根 1 次，连续灌 2 ~ 3 次。

9. 黄瓜霜霉病

分布为害

黄瓜霜霉病俗称“跑马干”“干叶子”，是黄瓜上发生最普遍、最严重的病害之一，河南省各地、各种栽培方式均有发生，此病传播速度快，流行性强，为害较重，对黄瓜生产造成极大损失，轻者减产 10% ~ 20%，重者减产 30% ~ 50%。

症状特征

苗期、成株期均可发病。主要为害叶片，子叶被害，初呈褪绿色黄斑，扩大后变黄褐色；真叶染病，叶缘或叶背面出现水浸状病斑，早晨尤为明显，病斑逐渐扩大，受叶脉限制，呈多角形淡褐色或黄褐色斑块（图 1 ~ 图 3），湿度大时叶背面或叶面长出灰黑色霉层

图 1　黄瓜霜霉病发病初期症状

图 2　黄瓜霜霉病发病中期症状

图 3　黄瓜霜霉病发病后期症状

（图 4），后期病斑破裂或连片，致叶缘卷缩干枯，严重的田块一片枯黄（图 5）。该病症状的表现与品种抗病性有关，感病品种病斑大，易连接成大块黄斑后迅速干枯；抗病品种病斑小，褪绿斑持续时间长，在叶面形成圆形或多角形黄褐色斑，扩展速度慢，病斑背面霉稀疏或很少。

图 4　黄瓜霜霉病病叶背霉层

图 5　黄瓜霜霉病大田症状

发生规律

黄瓜霜霉病属真菌病害。有温室和塑料大棚周年种植黄瓜的地区，病菌在病叶上越冬或越夏，冬季不种黄瓜的地区，病菌从南方或邻近地区借季风远距离传播，雨水飞溅及棚内滴水也能引起近距离传病。湿度是黄瓜霜霉病发生的主导条件，空气相对湿度高于 83% 时才大量产生病菌，且湿度越高病菌越多，叶面有水滴或水膜，持续 3 h 以上病菌就可萌发和侵入。温度对病菌侵入后的扩展有着重要作用，产生孢子囊适温 15 ~ 20℃，萌发适温 15 ~ 22℃。在多雨、多雾、多露的情况下，病害极易流行。该病主要侵害功能叶片，幼嫩叶片和老叶受害少。对于一株黄瓜，该病侵入是逐渐向上扩展的。

防治措施

1. 农业防治

（1）选用抗耐病品种。

（2）清洁菜园，及时摘除病叶及植株底部枯、黄、老叶。前茬收获后，彻底清除残茬、残蔓及残叶，减小残留在田中的病源数量。

（3）科学肥水管理：开展配方施肥，培育壮苗、壮株，提高植株抗病能力。浇足定植水后 7 d 左右不浇水，缓苗至花期控制浇水次数。

2. 物理防治

选择晴天上午进行高温闷棚，为防止黄瓜受害，可在闷棚前 1 ~ 2 d 浇 1 次水，并将温度计校正准确，悬挂在与生长点平行位置，在棚内南北各挂一支温度计。闷棚开始，封闭所有通风口，使室内温度上升到40℃时，再缓缓上升到45℃，稳定维持2 h后，再由小到大缓慢放风，降温至28 ~ 30℃时，进入正常管理。温度低于42℃防病效果不良，高于47℃可致黄瓜生长点灼伤。闷棚后加强水肥管理，保持长势良好。

3. 化学防治

（1）苗床土消毒：选好苗床，用40%五氯硝基苯粉剂、50%福美双可湿性粉剂、58%甲霜灵·锰锌可湿性粉剂等量混合：每平方米用混合药8 g加细干土20 kg混匀制成药土，将药土的1/3撒入苗床，其余2/3盖在种子上，下垫上盖，全方位保护。苗期可用58%甲霜灵·锰锌可湿性粉剂600 ~ 800倍液喷施一次杀菌剂，防止病原侵染。

（2）药剂拌种：70%甲基硫菌灵可湿性粉剂加50%福美双可湿性粉剂，按1:1混合，用药量为种子重量的0.3%。

（3）黄瓜霜霉病流行性强，蔓延迅速，必须在病害发生前夕或中心病株刚出现时开始喷药。保护地棚室可选用烟雾法或粉尘法。烟雾法，在发病初期每亩用45%百菌清烟剂200 ~ 250 g，分放在棚内4 ~ 5处，用香或卷烟等暗火点燃，发烟时闭棚，熏1夜，次晨通风，隔7 d熏1次，可单独使用，也可与粉尘法、喷雾法交替使用；粉尘法，于发病初期傍晚用喷粉器喷撒5%百菌清粉尘剂，每亩次1 kg，隔9 ~ 11 d喷1次；喷雾法，在发病前喷洒25%嘧菌酯悬浮剂1 000 ~ 1 500倍液，或75%百菌清可湿性粉剂600 ~ 800倍液。发现霜霉病中心病株后开始喷洒66.8%丙森锌·缬霉威可湿性粉剂500 ~ 700倍液，或68.75%氟吡菌胺·霜霉威悬浮剂600 ~ 800倍液，或72.2%霜霉威盐酸盐水剂600 ~ 800倍液，或60%氟吗啉·代森锰锌可湿性粉剂500 ~ 700倍液，或72%霜脲氰·代森锰锌可湿性粉剂600 ~ 800倍液，或69%烯酰吗啉·代森锰锌水分散粒剂600 ~ 800倍液，隔7 ~ 10 d喷一次药。喷雾应均匀周到，叶片正面和叶片背面都要喷洒，重点喷洒叶片背面。

10. 黄瓜白粉病

分布为害

黄瓜白粉病在河南省各地均有发生，温室和大棚黄瓜最易发生此病，春播露地黄瓜也易发生。一般年份减产 10% 左右，流行年份减产 20% ~ 40%。

症状特征

苗期至收获期均可染病，叶片发病重，叶柄、茎次之，果实受害少。发病初期叶面或叶背及茎上产生白色近圆形星状小粉斑，以叶面居多（图 1），后向四周扩展成边缘不明显的连片白粉，严重

图 1　黄瓜白粉病病叶发病初期

时整叶布满白粉（图 2，图 3）。发病后期，白色霉斑因菌丝老熟变为灰色，病叶黄枯。有时病斑上长出成堆的黄褐色小粒点，后变黑。

图 2　黄瓜白粉病病叶发病后期

图 3　黄瓜白粉病发病后期病株

发生规律

黄瓜白粉病属真菌病害。病菌以闭囊壳随病残体留在地上或在花房里的月季花上，或温室、塑料棚瓜类作物上越冬。病菌借气流或雨水传播落在寄主叶片上，从叶片表皮侵入，5 d 后在侵染处形成白色菌丝丛状病斑，经 7 d 成熟，飞散传播，进行再侵染。在塑料棚、温室或田间，白粉病能否流行取决于湿度和寄主的长势，一般湿度大有利于流行，尤其当高温干旱与高温高湿交替出现，又有大量白粉菌源时很易流行。

防治措施

1. 农业防治

选用抗耐病品种。

2. 物理防治

采用 27% 高脂膜乳剂 80 ~ 100 倍液，于发病初期喷洒在叶片上，形成一层薄膜，不仅可防止病菌侵入，还可造成缺氧条件使白粉菌死亡。一般隔 5 ~ 6 d 喷一次，连续喷 3 ~ 4 次。

3. 化学防治

在发病初期喷洒 2% 农抗 120 水剂 200 倍液，或 25% 乙嘧酚悬浮剂 1 500 ~ 2 500 倍液，或 30% 醚菌酯悬浮剂 1 500 ~ 2 500 倍液，或 30% 氟菌唑可湿性粉剂 1 500 ~ 2 000 倍液，或 10% 苯醚甲环唑水分散粒剂 1 500 ~ 2 500 倍液，或 10% 宁南霉素可溶粉剂 800 ~ 1 000 倍液，或 2% 武夷菌素水剂 200 倍液，隔 7 ~ 10 d 喷 1 次，连续防治 2 ~ 3 次。

11. 黄瓜根结线虫病

分布为害

黄瓜根结线虫病在河南省各地均有发生，黄瓜老种植区发生较重。重发生地块病株率达 100%，造成产量损失 30% ~ 50%，严重的达 50% 以上，甚至绝收。

症状特征

主要发生在根部的侧根或须根上，须根或侧根染病后产生瘤状大小不等的根结（图 1，图 2）。解剖根结，病部组织里有很多细小的乳白色线虫埋于其内。根结之上一般可长出细弱的新根，致寄主再度染病，形成根结。地上部表现症状因发病的轻重程度不同而异，轻病株症状不明显，重病株生育不良，叶片中午萎蔫或逐渐黄枯，植株矮小，影响结实，发病严重时，全田枯死。

图 1　黄瓜根结线虫病

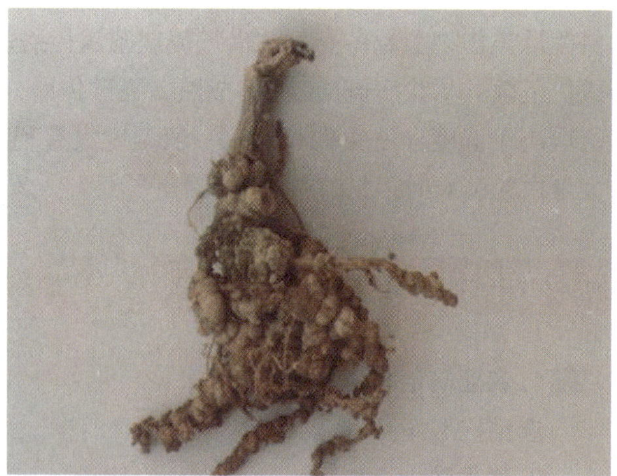

图 2　黄瓜根结线虫病较重病根

发生规律

黄瓜根结线虫病病原为南方根结线虫。该虫多在土壤 5 ~ 30cm 处生存，常以卵或 2 龄幼虫随病残体遗留在土壤中越冬，病土、病苗及灌溉水是主要传播途径。一般可存活 1 ~ 3 年，翌春条件适宜时，由埋藏在寄主根内的雌虫，产出单细胞的卵，卵产下经几小时形成一龄幼虫，脱皮后孵出 2 龄幼虫，离开卵块的 2 龄幼虫在土壤中移动寻找根尖，由根冠上方侵入定居在生长锥内，其分泌物刺激导管细胞膨胀，使根形成巨型细胞或虫瘿，或称根结，在生长季节根结线虫的几个世代以对数增值，发育到 4 龄时交尾产卵，卵在根结里孵化发育，2 龄后离开卵块，进入土中进行再侵染或越冬。在温室或塑料棚中单一种植几年后，导致寄主植物抗性衰退时，根结线虫可逐步成为优势种。南方根结线虫生存最适温度 25 ～ 30℃，高于 40℃，低于 5℃都很少活动，55℃经 10 min 致死。田间土壤湿度是影响孵化和繁殖的重要条件。土壤湿度适合蔬菜生长，也适合根结线虫活动，雨季有利于孵化和侵染，但在干燥，或过湿土壤中，其活动受到抑制，其为害沙土中常较黏土重，适宜土壤 pH4 ～ 8。

防治措施

1. 农业防治

在根结线虫发生严重田块，实行与石刁柏 2 年或 5 年轮作，可收到理想效果。此外，芹菜、黄瓜、番茄是高感菜类，大葱、韭菜、辣椒是抗耐病菜类，病田种植抗耐病蔬菜可减少损失，降低土壤中线虫量，减轻下茬受害。

2. 物理防治

有条件地区用水淹法对地表 10cm，或更深土层淤灌几个月，可在多种蔬菜上起到防止根结线虫侵染、繁殖和增长的作用。7 ～ 8 月高温闷棚进行土壤消毒，可杀死土壤中根结线虫和土传病害。

3. 化学防治

在播种或定植时，每平方米施用 1.8% 阿维菌素乳油 1 mL，稀释 2 000 ～ 3 000 倍液，喷在地面上，立即翻入土中。也可每亩用 10% 噻唑磷颗粒剂 1.5 ～ 2 kg 撒施，或每亩用 5% 丁硫 g 百威颗粒剂 5 ～ 7 kg 沟施，或每亩用 2.5 亿个孢子 / 克厚孢轮枝菌微粒剂 1.5 ～ 2.5 kg 沟施，或每亩用 5 亿活孢子 / 克淡紫拟青霉颗粒剂 3 ～ 5 kg 处理土壤。

12. 黄瓜细菌性角斑病

分布为害

黄瓜细菌性角斑病是黄瓜上的主要病害之一，夏季是该病的高发季节，在河南各地均有分布。

症状特征

主要为害叶片、叶柄、卷须和果实，有时也侵染茎。苗期至成株期均可受害。子叶染病，初呈水浸状近圆形凹陷斑，后微带黄褐色；真叶染病，初为鲜绿色水浸状斑，渐变淡褐色、病斑受叶脉限制呈多角形，灰褐或黄褐色（图 1），湿度大时叶背溢有乳白色浑浊水珠状菌脓，干后具白痕，病部质脆易穿孔，别于霜霉病（图 2）。茎、叶柄、卷须染病，侵染点出现水浸状小点，沿茎沟纵向扩展，呈短条状，湿度大时也见菌脓，严重的纵向开裂呈水浸状腐烂，变褐干枯，表层残留白痕。瓜条染病，出现水浸状小斑点，扩展后不规则或连片，病部溢出大量污白色菌脓，受害瓜条常伴有软腐病菌侵染，呈黄褐色水渍腐烂。

图 1　黄瓜细菌性角斑病

图 2　黄瓜细菌性角斑病病叶叶背

发生规律

黄瓜细菌性角斑病属细菌病害。病原菌在种子内、外或随病残体在土壤中越冬，成为翌年初侵染源。病种子带菌率 2% ~ 3%，病菌由叶片或瓜条伤口、自然孔口侵入，进入胚乳组织或胚幼根的外皮层，造成种子内带菌。此外，采种时病瓜接触污染的种子致种子外带菌。棚室保护地黄瓜病部溢出的菌脓，借棚顶大量水珠下落或结露及叶缘吐水滴落飞溅传播蔓延，进行多次重复侵染。露地黄瓜蹲苗结束后，随雨季到来和田间浇水开始，始见发病，病菌靠气流或雨水逐渐扩展开来，一直延续到结瓜盛期，后随气温下降，病情缓和。发病温度在 10 ~ 30℃，适温 24 ~ 28℃，适宜相对湿度 70% 以上。塑料棚低温高湿利于其发病。昼夜温差大，结露重且持续时间长，发病重。

防治措施

1. 农业防治

选用耐病品种；从无病瓜上选留种，无病土育苗，并与非瓜类作物实行 2 年以上轮作；生长期及收获后清除病叶，及时深埋。

2. 化学防治

瓜种处理，可用 70℃恒温干热灭菌 72 h，或 50℃温水浸种 20 min，捞出晾干后催芽播种；还可用次氯酸钙 300 倍液浸种 30 ~ 60 min，或 40% 甲醛 150 倍液浸种 1.5 h，或 100 万单位硫酸链霉素 500 倍液浸种 2 h，冲洗干净后催芽播种。于发病初期或蔓延开始期喷洒 14% 络氨铜水剂 300 倍液，或 50% 甲霜铜可湿性粉剂 600 倍液，或 50% 琥胶肥酸铜可湿性粉剂 500 倍液，或 77% 氢氧化铜可湿性粉剂 400 倍液，或 20% 噻菌铜悬浮剂 500 ～ 600 倍液，每隔 7 ～ 10 d 防治 1 次连防 3 ～ 4 次。保护地黄瓜可用粉尘法喷撒 5% 百菌清粉尘剂，每亩次 1 kg。

13. 黄瓜炭疽病

分布为害

黄瓜炭疽病近年来为害有加重趋势，在春秋两季均有发生，影响黄瓜的品质和产量。

症状特征

黄瓜苗期到成株期均可发病 . 幼苗发病，多在子叶边缘出现半椭圆形淡褐色病斑，上生橙黄色点状胶质物。重者幼苗近地面茎基部变黄褐色，逐渐细缩，致幼苗折倒。真叶被害，叶片上病斑近圆形，直径 4 ～ 18 mm，棚室湿度大时，病斑呈淡灰至红褐色，略呈湿润状，严重的病斑连片致叶片干枯。主蔓及叶柄上病斑椭圆形或长圆形，黄褐色，稍凹陷（图 1，图 2），严重时病斑连接，包围主蔓，致植株一部分或全部枯死。瓜条染病，病斑近圆形，初呈淡绿色，后为黄褐色或暗褐色，病部稍凹陷，表面有粉红色黏稠物，后期常开裂。叶柄或瓜条上有时出现琥珀色流胶。

图 1　黄瓜炭疽病病叶

图 2　黄瓜炭疽病病斑

发生规律

黄瓜炭疽病属真菌病害。病菌主要以菌丝体附着在种子上或随病残体在土壤中越冬，亦可在温室或塑料大棚的骨架上存活。越冬后的病菌产生大量分生孢子，成为初侵染源。通过雨水、灌溉、气流传播，也可以由田间农事操作时传播。温度在 10 ~ 30℃范围内均可发病，24℃左右发病重。湿度是诱发该病重要因素，在适宜温度范围内，空气湿度大，易发病，相对湿度 87% ~ 98%，温度 24℃潜育期 3 d，相对湿度低于 54% 则不能发病。早春塑料棚温度低，湿度高，叶面结有大量水珠或吐水，病害易流行。氮肥过多，大水漫灌、通风不良、植株衰弱发病重。

防治措施

1. 农业防治

选用抗病品种；实行 3 年以上轮作，对苗床应选用无病土或进行苗床土壤消毒，减少初侵染源；采用地膜覆盖可减少病菌传播机会，减轻为害；增施磷钾肥提高植株抗病力；加强棚室温、湿度管理，进行通风排湿使棚内湿度保持在 70% 以下，减少叶面结露和吐水。田间操作、防治病虫、绑蔓、采收均应在露水落干后进行，减少人为传播蔓延。

2. 化学防治

塑料棚或温室采用烟雾法，选用 45% 百菌清烟剂，每亩次 250 g，隔 9 ~ 11 d 熏 1 次；也可于傍晚喷撒 5% 百菌清粉尘剂，每亩次 1 kg。棚室或露地发病初期喷洒 50% 甲基硫菌灵可湿性粉剂 700 倍液加 75% 百菌清可湿性粉剂 700 倍液，或 80% 炭疽福美可湿性粉剂 800 倍液，或 80% 多菌灵可湿性粉剂 600 倍液，或 50% 咪鲜胺锰盐可湿性粉剂 1 000 倍液，或 25% 咪鲜胺乳油 500 ~ 1 000 倍液，隔 7 ~ 10 d 喷 1 次，连续防治 2 ~ 3 次。

14. 茄子褐纹病

分布为害

茄子褐纹病是茄子重要病害之一，与茄子绵疫病、黄萎病一起被称为茄子的三大病害，对产量影响很大，河南省各地均有发生。

症状特征

在苗期及结果期均可发病。苗期发病，多在幼茎基部先产生水浸状梭形或椭圆形病斑，稍后病斑逐渐变褐至黑褐色并长有许多小黑点，当病斑环绕茎周时，病部凹陷，使幼苗猝倒，大苗立枯。结果期发病，病叶先出现水浸状白色小斑点，后逐渐扩大成近圆形至多角形，发病与健康部位分界明晰，病斑边缘深褐色，中央浅褐至灰白色，具有轮纹，有大量小黑点，病部易破裂成穿孔（图 1）。茎部染病，初呈近菱形斑，边缘深褐色，中部淡褐至灰白色，稍凹陷，轮生许多黑褐色小点，严重时病斑绕茎扩展或相互连合，病部组织坏死干腐，患部密生小黑点，茎枝皮层脱落，露出木质部，遇大风易折断枯死（图 2）。果实染病，果面先出现淡褐色圆形、椭圆形或不规则病斑，斑面病征明显，有针头大的小黑粒，成同心轮纹状排列。病斑逐渐扩大，可达果实大部分乃至全果，最后病果腐烂脱落，或干腐挂在枝上成僵果，全果密生小黑粒，手摸质感粗糙（图 3，图 4）。

图 1　茄子褐纹病病叶

图 2　茄子褐纹病病茎

图 3　茄子褐纹病病果

图 4　茄子褐纹病后期病果

发生规律

茄子褐纹病为真菌病害。病菌多以菌丝体和分生孢子在土表的病残体上越冬，或以菌丝体潜伏在种皮内部，或以分生孢子黏附在种子表面越冬，成为翌年的初侵染源。播种带病种子能引起幼苗直接发病，土壤带菌能引起茎基部溃疡。植株感病，病斑上产生分生孢子，分生孢子萌发后可直接穿透寄主表皮侵入，也能通过伤口侵染。通过风雨、昆虫及农事操作进行传播和重复侵染，造成叶片、茎秆的上部以及果实大量发病。

茄子褐纹病是高温、高湿性病害。病菌发育最低温度为 7 ~ 11℃，最高温度为 35 ~ 40℃，而最适温度为 28 ~ 30℃。田间气温 28 ~ 30℃，相对湿度高于 80%，持续时间比较长，连续阴雨，易发病。连作地，密度过大，氮肥过多植株长势较弱，地势低洼排水不良，夏季多雨等，发病重。

防治措施

1. 农业防治

与非茄科作物实行 3 年以上的轮作；选用抗病品种，长茄较圆茄抗病，白皮茄、绿皮茄较紫皮茄抗病；夏季高温干旱，适宜傍晚浇水，降低地温；雨季及时排水，防止地面积水，以保护根系；适时采收，发现病果及时摘除，收获后彻底清除田间病残体，并及时翻耕。

2. 物理防治

用 55℃温水浸种 15 min，捞出后，置 30℃以下水中浸种 6 ~ 8 h，然后催芽播种。

3. 化学防治

育苗前进行苗床消毒，每平方米苗床用 50% 多菌灵可湿性粉剂 10 g，或 50% 福美双可湿性粉剂 8 g，与细干土 10 ~ 20 kg 充分拌匀，用 1/3 药土铺底，播种后，将剩余药土覆在种子上。发病初期，可用 75% 百菌清可湿性粉剂 600 倍液，或 70% 代森锰锌可湿性粉剂 500 倍液，或 64% 噁霜灵 · 锰锌可湿性粉剂 500 倍液，或 58% 甲霜灵 · 锰锌可湿性粉剂 600 倍液喷雾，每隔 7 d 左右喷 1 次，连喷 2 ~ 3 次。

15. 茄子黄萎病

分布为害

茄子黄萎病是为害茄子的重要病害，在河南省各地均有发生，发病严重年份造成绝收或毁种。

症状特征

茄子苗期即可染病，田间多在坐果后表现症状，病株多从下向上或从半边向全株发展（图1，图2），有时植株仅半边发病，呈半边疯或半边黄（图3，图4）。初期叶缘及叶脉间出现褪绿斑，病株初在晴天中午呈萎蔫状，早晚尚能恢复，经一段时间后不再恢复，叶缘上卷变褐脱落，病株逐渐枯死，叶片大量脱落呈光秆。剖视病茎，维管束变褐。

图1　茄子黄萎病田间受害状

图2　茄子黄萎病田间受害状

图3　茄子黄萎病病株

图4　茄子黄萎病病株

发生规律

茄子黄萎病为真菌病害。病菌以休眠菌丝、厚垣孢子和微菌核随病残体在土壤中越冬，可存活6～7年，可随耕作栽培活动及调种传播蔓延。病菌从根部伤口或根尖直接侵入，进入导管内向上扩展至全株，引致系统发病。种子也可带菌。病原在田间靠风、雨、灌溉水、农具及农事操作等传播。温、湿度是黄萎病发生轻重的重要条件，发病适温为19～24℃；土壤含水量高于25%时病害发生严重，在土壤含水量小于16%的干燥条件下则发病较轻。降水多、温度低于15℃且持续时间长，或久旱后灌水不当、地温下降、田间湿度大，或连作重茬病害发生重。该病在当年不再进行重复侵染。

防治措施

1. 农业防治

与非茄科作物实行4年以上轮作；施足腐熟有机底肥，增施磷钾肥；发现病株及时拔除，收获后彻底清除田间病残体烧毁。

2. 物理防治

播前对种子进行消毒，将种子先在常温水中浸泡15 min，后转入55℃的热水中浸泡15 min，并不断搅拌，然后用30℃的温水浸泡12 h。夏季高温季节，先将田块表土层耕翻耙碎并喷水至湿润，用无色透明塑料薄膜覆盖严实，设施栽培可同期密闭棚室15 d以上。对于发病严重的田块可考虑太阳光高温消毒与化学药剂熏蒸结合使用。

3. 化学防治

用50%多菌灵可湿性粉剂500倍液浸种1～2 h后，用清水洗净再催芽。苗床用50%多菌灵可湿性粉剂按每平方米10 g加细土拌匀混撒于表层，再播种育苗。整地时，可亩用50%多菌灵可湿性粉剂4 g，加细土100 g拌匀撒施。定植时亩用50%多菌灵可湿性粉剂1 kg加40～60 kg细干土拌匀穴施。发病初期喷施50%多菌灵可湿性粉剂500倍液，或70%代森锰锌可湿性粉剂600倍液，或70%甲基托布津可湿性粉剂600倍液，隔7～10 d喷1次，防治2～3次。

16. 茄子病毒病

分布为害

茄子病毒病近年来在河南省茄子种植区发生较重，以保护地最为常见。

症状特征

茄子病毒病常见有三种症状。花叶型：整株发病，叶片黄绿相间，形成斑驳花叶，老叶产生圆形或不规则形暗绿色斑纹，心叶稍显黄色（图 1）。坏死斑点型：病株上位叶片出现局部侵染性紫褐色坏死斑，大小 0.5 ～ 1 mm，有时呈轮点状坏死，叶面皱缩，呈高低不平萎缩状。大型轮点型：叶片产生由黄色小点组成的轮状斑点，有时轮点也坏死，病株结果性能差，多成畸形果。

图 1　茄子病毒病病株

发生规律

病原为病毒，由烟草花叶病毒（TMV）、黄瓜花叶病毒（CMV）、蚕豆萎蔫病毒（BBWV）、马铃薯 X 病毒（PVX）等单独或复合侵染。TMV、CMV 主要引起花叶型症状，BBWV 引起轮点状坏死，PVX 引起大型轮点。

TMV、PVX 主要随病残体在土壤、种子或其他宿根植物上越冬，并通过田间操作和工具的接触传病。CMV 除可以通过汁液传播外，主要靠蚜虫传毒。BBWV 主要靠蚜虫和汁液磨擦传毒。高温干旱、管理粗放、田边杂草多，蚜虫发生量大发病重。

防治措施

1. 农业防治

因地制宜选用抗病品种；建立无病留种田，选用不带病毒的种子；与非茄科作物实行 3 年以上轮作；田间作业前用肥皂洗手，减少人为传播；施用充分腐熟的有机肥，适时浇水，中耕培土，促根系发育，增强抗病力；田间发现病株及时拔除，铲除田间以及周边杂草，收获后清洁田园。

2. 物理防治

用物理方法防治蚜虫，在温室、大棚内或露地畦间悬挂或铺银灰色塑料薄膜或尼龙纱网，可有效地驱避菜蚜，必要时喷药杀蚜，减少传毒媒介。

3. 化学防治

播种前进行种子消毒，可用 10% 的磷酸三钠溶液浸种 20 ~ 30 min，而后用清水洗净后再播种。或将种子用冷水浸泡 4 ~ 6 h，再用 1.5% 烷醇 · 硫酸铜乳剂 1 000 倍液浸 10 min，捞出直接播种。病毒病发生时，可用 20% 吗啉胍 · 乙酸铜可湿性粉剂 500 倍液，或 0.5% 香菇多糖水剂 300 倍液，或 5% 菌毒清水剂 500 倍液，或 2% 宁南霉素水剂 500 倍液，或 1.5% 烷醇 · 硫酸铜乳剂 1 000 倍液等药剂喷雾，每隔 10 d 左右喷 1 次，连续 2 ~ 3 次。

17. 西瓜病毒病

分布为害

西瓜病毒病俗称小叶病、花叶病，在河南省各地均有发生。西瓜受害后，严重的不能坐果，或坐果后发育不良，产量低、品质差，失去商品价值。

症状特征

西瓜病毒病在田间主要表现为花叶型和蕨叶型两种症状。花叶型：初期顶部叶片出现黄绿镶嵌花纹，以后变为皱缩畸形，叶片变小，叶面凹凸不平（图 1，图 2），新生茎蔓节间缩短，纤细扭曲，坐果少或不坐果。蕨叶型：新生叶片变为狭长，皱缩扭曲，生长缓慢，植株矮化，有时顶

图 1　西瓜病毒病花叶

部表现簇生不长，花器发育不良，严重的不能坐果。发病较晚的病株，果实发育不良，形成畸形瓜，也有的果面凹凸不平，果小（图 3），瓜瓤暗褐色，对产量和质量影响很大。

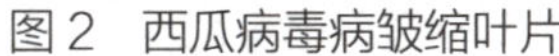

图 2　西瓜病毒病皱缩叶片

图 3　西瓜病毒病病叶及病果

发生规律

西瓜上发生的主要病毒病类型有：西瓜花叶病毒 2 号（WMV-2）、甜瓜花叶病毒（MMV）、黄瓜花叶病毒（CMV）、黄瓜绿斑花叶病毒（CGMMV）等。病毒主要通过种子带菌和蚜虫汁液接触传毒。农事操作，如整枝、压蔓、授粉等都可引起接触传毒，也是田间传播、流行的主要途径。高温、干旱、日照强的气候条件，有利于蚜虫的繁殖和迁飞，传毒机会增加，则发病重。肥水不足、管理粗放、植株生长势衰弱或邻近瓜类菜地，也易感病。蚜虫发生数量大的年份发病重。

防治措施

1. 农业防治

西瓜田周围 400m 最好不种瓜类作物；集中育苗。

2. 物理防治

在田间铺银灰膜避蚜。

3. 化学防治

种子处理，播种时干籽用 70℃温水浸种 10 min，也可用 10% 磷酸三钠浸种 20 min，用清水洗净后播种。田间及时治蚜，可选用 10% 吡虫啉可湿性粉剂 2 500 ～ 3 000 倍液，或 4.5% 高效氯氰菊酯乳油 1 500 ～ 2 000 倍液，或 5% 啶虫脒乳油 3 000 ～ 4 000 倍液。发病初期开始喷洒 20% 吗胍·乙酸铜可湿性粉剂 500 倍液，或用 0.5% 香菇多糖水剂 200 ～ 300 倍液，或用 1.5% 烷醇·硫酸铜乳剂 1 000 倍液，或用 83 增抗剂 100 倍液，隔 10 d 左右喷 1 次，连续防治 2 ～ 3 次。

18. 西瓜炭疽病

分布为害

西瓜炭疽病是西瓜生产上重要病害之一，也是西瓜运输和贮藏期的重要病害，在西瓜的各个生育期均可发生，以中、后期发病较重。在阴雨天气发生尤重。该病分布于河南省各地。

症状特征

苗期至成株期均可发生,叶片和瓜蔓受害重。苗期子叶边缘出现圆形或半圆形褐色或黑褐色病斑，外围常具一黄褐色晕圈，其上长有黑色小粒点或淡红色黏状物。近地表的茎基部变成黑褐色，且收缩变细致幼苗猝倒。叶柄或瓜蔓染病，初为水浸状淡黄色圆形斑点，稍凹陷，后变黑色，病斑环绕茎蔓一周后全株枯死。真叶染病，初为圆形至纺锤形或不规则形水浸状斑点，有时出现轮纹，干燥时病斑易破碎穿孔，潮湿时，叶面生出粉红色黏稠物（图 1，图 2）。未成熟西瓜染病，呈水渍状淡绿色圆形病斑，致幼瓜畸形或脱落。成熟果实染病，病斑多发生在暗绿色条纹上，在具条纹果实的淡色部位不发生或轻微发生，初呈水浸状凹陷形褐色病斑，凹陷处常龟裂，湿度大时病斑中部产生粉红色黏质物，严重的病斑连片腐烂。

图 1　西瓜炭疽病初期病叶

图 2　西瓜炭疽病后期病叶

发生规律

西瓜炭疽病为真菌病害。病菌以菌丝体或拟菌核在土壤中的病残体上越冬。翌年，遇到适宜条件病菌在植株或果实上发病。种子带菌可存活 2 年，播种带菌种子，出苗后子叶受侵。西瓜染病后，病部又产出大量分生孢子借风雨及灌溉水传播，进行重复侵染。10 ~ 30℃均可发病，气温 20 ~ 24℃，相对湿度 90% ~ 95% 适其发病；气温高于 28℃，湿度低于 54%，发病轻或不发病。地势低洼、排水不良，或氮肥过多、通风不良、重茬地发病重。重病田或雨后收获的西瓜在贮运过程也发病。

防治措施

1. 农业防治

选用抗病品种；与非瓜类作物实行 3 年以上轮作；加强管理，采用配方施肥，施用充分腐熟的有机肥，选择沙质土，注意平整土地，防止积水，雨后及时排水，合理密植，及时清除田间杂草。

2. 化学防治

（1）种子消毒：55℃温水浸种 15 min 后冷却，或用 40% 甲醛 150 倍液浸种 30 min 后用清水冲洗干净，再放入冷水中浸 5 h（西瓜品种间对甲醛敏感程度各异，应先试验，避免产生药害），或用 72% 农用硫酸链霉素可溶性粉剂 150 倍液，浸种 15 min。

（2）保护地栽培，可采用烟雾法或粉尘法，具体应用参见黄瓜炭疽病。

（3）保护地和露地在发病初期喷洒 50% 甲基硫菌灵可湿性粉剂 800 倍液加 75% 百菌清可湿性粉剂 800 倍液，或 50% 多菌灵可湿性粉剂 800 倍液加 75% 百菌清可湿性粉剂 800 倍液混合喷洒。此外，还可选用 36% 甲基硫菌灵悬浮剂 500 倍液，或 80% 炭疽福美可湿性粉剂 800 倍液，或 2% 抗霉菌素水剂 200 倍液，或 2% 武夷菌素水剂 150 倍液，或 25% 吡唑醚菌酯乳油 2 000 ~ 3 000 倍液，或 68.75% 噁酮·锰锌水分散粒剂 1 000 ~ 1 500 倍液喷雾，隔 7 ~ 10 d 喷 1 次，连续防治 2 ~ 3 次。

19. 西瓜枯萎病

分布为害

西瓜枯萎病又称蔓割病、萎凋病、萎蔫病等，在河南省西瓜种植区有发生，尤以老种植区发生较重，可造成西瓜产量下降 30%，有些地块减产 50% 以上，甚至绝产。

症状特征

发病初期叶片从后向前逐渐萎蔫，似缺水状，中午尤为明显，但早晚可恢复，3～6 d后，整株叶片枯萎下垂，不能复原（图1，图2）。发病植株茎蔓基部缢缩，有的病部出现褐色病斑或琥珀色胶状物，病根变褐腐烂，茎基部纵裂，病茎纵切面上维管束变褐（图3）。湿度大时病部表面生出粉红色霉。

图1　西瓜枯萎病病株

图2　西瓜枯萎病枯死病株

图3　西瓜枯萎病变色维管束

发生规律

西瓜枯萎病为真菌病害。病菌主要以菌丝、厚垣孢子或菌核在未腐熟的有机肥或土壤中越冬，成为翌年主要侵染源，该菌在土壤中可存活6年。采种时可粘于种子上，致商品种子带菌率高，播种带病种子，发芽后病菌即侵入幼苗，成为次要侵染源。西瓜根的分泌物刺激病菌萌发，从根毛顶端或根部伤口侵入，进入维管束，在导管内发育，分泌毒素阻塞导管，干扰新陈代谢，致西瓜萎蔫、中毒枯死。该病系土传病害，发病程度取决于当年侵染的菌量，生产上遇有日照少，连阴雨天多，降雨量大及土壤黏重，地势低洼，排水不良，管理粗放的连作地，西瓜根系发育欠佳发病重；此外，氮肥过量，磷钾肥不足，施用未充分腐熟的带菌的有机肥，或土壤中含钙量高，地下害虫为害重，均易诱发此病。该病盛发于坐果期，病势扩大迅速，有的几天或十几天即蔓延全田。

防治措施

1. 农业防治

选用抗病品种；实行7年以上轮作，提倡西瓜与玉米轮作，也可实行水旱轮作；控制氮肥施用量，增施磷钾肥及微量元素。

2. 化学防治

（1）种子处理：用40%甲醛配成150倍液，浸种1～2 h后捞出，冲洗晾干；或用50～60℃温水对成50%多菌灵可湿性粉剂1 000倍液浸种30～40 min，或用10%漂白粉浸种10 min后取出用0.1～0.15%的50%苯菌灵可湿性粉剂拌种，或用2.5%咯菌腈悬浮种衣剂1～1.5 g拌10 kg种子。

（2）苗床及土壤处理：用50%多菌灵可湿性粉剂1 kg加200 kg苗床营养土拌匀后撒入苗床或定植穴中，也可用50%多菌灵可湿性粉剂1 kg加40%福美双·拌种灵粉剂1 kg对入25～30 kg细土或粉碎的饼肥，于播种前撒于定植穴0.33平方米内，与土混合后，隔2～3 d播种。

（3）发病初期灌根：发现零星病株时，用10%混合氨基酸络铜水剂200倍液，或4%嘧啶核苷类抗菌素水剂600～800倍液，或40%福美双·拌种灵粉剂400倍液灌根，每株灌对好的药液0.4～0.5L。

⑷田间药剂防治：于坐果初期开始喷洒10%混合氨基酸络铜水剂200倍液，或50%苯菌灵可湿性粉剂800～1 000倍液，或40%多·硫悬浮剂500～600倍液，或20%甲基立枯磷乳油900～1 000倍液，或36%甲基硫菌灵悬浮剂400～500倍液，隔10 d喷1次，连防2～3次。

20. 大葱黑斑病

分布为害

大葱黑斑病在河南省各地分布广泛，但为害不严重。

症状特征

主要为害叶和花茎。叶染病出现褪绿长圆斑，初黄白色，迅速向上下扩展，变为黑褐色，边缘具黄色晕圈，病情扩展，斑与斑连片后仍保持椭圆形，病斑上略现轮纹，层次分明（图1），后期病斑上密生黑短绒层（图2），发病严重的叶片变黄枯死或茎部折断（图3）。

图 1　大葱黑斑病

图 2　大葱黑斑病病斑上黑短绒层

图 3　大葱黑斑病后期

发生规律

大葱黑斑病为真菌病害。病菌以子囊座随病残体在土中越冬，以子囊孢子进行初侵染，靠分生孢子进行再侵染，借气流传播蔓延，长势弱的植株及冻害或管理不善易发病。采种株易发病。

防治措施

1. 农业防治

加强田间管理，合理密植，雨后及时排水，发病田及时清除被害叶和花梗。

2. 化学防治

于发病初期喷洒 75% 百菌清可湿性粉剂 600 倍液，或 50% 异菌脲可湿性粉剂 1 500 倍液，或 64% 噁霜灵 · 锰锌可湿性粉剂 500 倍液，或 50% 琥胶肥酸铜可湿性粉剂 500 倍液，或 14% 络氨铜水剂 300 倍液，隔 7 ~ 10 d 喷 1 次，连续防治 3 ~ 4 次。

21. 大葱锈病

分布为害

大葱锈病在河南省各地均有发生，通常为害不重。

症状特征

主要为害叶、花梗及绿色茎部。发病初期，表皮上产生椭圆形稍隆起的橙黄色疱斑，后表皮破裂向外翻，散出橙黄色粉末（图 1），秋后疱斑变为黑褐色，破裂时散出暗褐色粉末。

图 1　大葱锈病

发生规律

大葱锈病为真菌病害。病菌以冬孢子在病残体上越冬，翌年随气流传播进行初侵染和再侵染。病菌从寄主表皮或气孔侵入。气温低的年份、肥料不足及生长不良发病重。

防治措施

1. 农业防治

施足有机肥，增施磷钾肥，提高寄主抗病力。

2. 化学防治

发病初期喷洒 15% 三唑酮可湿性粉剂 2 000 ~ 2 500 倍液，或 50% 萎锈灵乳油 700 ~ 800 倍液，或 25% 丙环唑乳油 3 000 倍液，或 70% 代森锰锌可湿性粉剂 1 000 倍液加 15% 三唑酮可湿粉剂 2 000 倍液，或 25% 丙环唑乳油 4 000 倍液加 15% 三唑酮可湿粉剂 2 000 倍液，隔 10 d 左右喷 1 次，连续防治 2 ~ 3 次。

22. 大蒜细菌性软腐病

分布为害

大蒜细菌性软腐病在河南省大蒜产区均有发生，主要为害露地栽培的大蒜。发病重时常造成叶片枯死（图 1），甚至整株枯死，直接影响产量。

图 1　大蒜细菌性软腐病大田症状

症状特征

大蒜染病后，先从叶缘或中脉发病，沿叶缘或中脉形成黄白色条斑，可贯穿整个叶片（图 2），湿度大时，病部呈黄褐色软腐状。一般脚叶先发病，后逐渐向上部叶片扩展，致全株枯黄或死亡。

图 2　大蒜细菌性软腐病叶部症状

发生规律

大蒜细菌性软腐病为细菌病害。病菌主要在土壤中尚未腐烂的病残体上存活越冬，进入雨季引起大蒜软腐，尤其早播、排水不良，或生长过旺的田块发病重。干旱时可自行缓解，对产量有明显影响。

防治措施

1. 农业防治

清洁田园，及时清除病残体；实行轮作；雨后清沟排水。

2. 化学防治

发病初期开始喷洒 77% 氢氧化铜可湿性微粒粉剂 500 倍液，或 50% 琥胶肥酸铜可湿性粉剂 500 倍液，或 14% 络氨铜水剂 300 倍液，或 72% 农用硫酸链霉素可溶性粉剂 4 000 倍液，隔 7 ～ 10 d 喷 1 次，视病情连续防治 2 ～ 3 次。

23. 莴苣霜霉病

分布为害

莴苣霜霉病在河南省各地均有发生，严重时常导致成片发病，造成严重减产。

症状特征

幼苗、成株均可发病，以成株受害重，主要为害叶片。病叶由植株下部向上蔓延，最初叶上生淡黄色近圆形或多角形病斑，病斑受叶脉限制，大小 5 ～ 20 mm，潮湿时，叶背病斑长出白霉（图 1），有时蔓延到叶片正面，后期病斑枯死变为黄褐色并连接成片，致全叶干枯（图 2）。天气干旱时病叶枯死，潮湿时病叶腐烂。

图 1　莴苣霜霉病病叶叶背白霉

图2　莴苣霜霉病

发生规律

莴苣霜霉病为真菌病害。病菌以菌丝体及卵孢子随病残体在土壤中或潜伏在种子上越冬，翌年产出孢子，借风雨或昆虫传播，从寄主表皮或气孔侵入。此病在阴雨连绵的春末或秋季发病重。栽植过密，定植后浇水过早、过多、土壤潮湿或排水不良易发病。

防治措施

1. 农业防治

选用抗病品种，凡植株带紫红或深绿色的品种表现抗病；可与豆科、百合科、茄科蔬菜实行2 ~ 3年轮作；加强栽培管理，合理密植，注意排水，降低田间湿度；早期拔除病株，及时打掉病老叶片并烧毁，收获后清除田间病残体集中烧毁或深埋。

2. 化学防治

发病初期开始喷洒58%甲霜灵·锰锌可湿性粉剂500倍液，或72.2%霜霉威盐酸盐水剂800倍液，或64%噁霜灵·锰锌可湿性粉剂500倍液，或69%烯酰吗啉·锰锌可湿性粉剂1 000倍液，隔7 ~ 10 d左右喷1次，连续防治2 ~ 3次。保护地栽培在发病前每亩用45%百菌清烟剂200 ~ 250 g，傍晚分施3 ~ 4处点燃后密闭烟熏，每隔7 d防治1次，连续熏治4 ~ 5次。

24. 莴苣根结线虫病

分布为害

莴苣根结线虫病在河南省各地均有分布，发生田一般减产 30% ~ 70%。

症状特征

发病轻时，地上部无明显症状；发病重时，拔起植株，可见肉质根变小、畸形，须根上有许多葫芦状根结（图 1）。地上部表现生长不良、矮小、黄化、萎蔫，似缺肥水或枯萎病症状，严重时植株枯死。

图 1 莴苣根结线虫病病根

发生规律

常以卵囊和根组织中的卵或 2 龄幼虫随病残体遗留土壤中越冬，翌年条件适宜时，越冬卵孵化为幼虫，继续发育并侵入寄主，刺激根部细胞增生，形成根结。病原成虫传播靠病土、病苗及灌溉水。地势高、土壤质地疏松、盐分低的土壤适宜线虫活动，有利于发病，连作地发病重。

防治措施

1. 农业防治

选用无病土育苗，合理轮作；彻底处理病残体，集中烧毁或深埋；根结线虫多分布在 3 ~ 9cm

表土层，深翻可减轻为害；合理施肥或灌水以增强寄主抵抗力。

2. 化学防治

播种前进行土壤处理，可每亩撒施0.5%阿维菌素颗粒剂3 ~ 4 kg，5%丁硫克百威颗粒剂5 ~ 7 kg，或10%噻唑磷颗粒剂2 ~ 5 kg，浅耙混入土中。生长期发生，可用40%灭线磷乳油1 000倍液灌根。1.8%阿维菌素乳油2 000 ~ 3 000倍液灌根。

25. 芹菜斑枯病

分布为害

芹菜斑枯病又名芹菜晚疫病、叶枯病，是冬春保护地及采种芹菜的重要病害，发生普遍而又严重，对产量和质量影响较大。此病在贮运期还能继续为害。

症状特征

芹菜叶、叶柄、茎均可染病。叶染病，一种是老叶先发病，后传染到新叶上，叶上病斑多散生，大小不等，直径3 ~ 10 mm，初淡褐色油渍状小斑点，后逐渐扩大，中部呈褐色坏死，外缘多为深

图1　芹菜斑枯病病叶

图2　芹菜斑枯病病叶

红褐色且明显，中间散生少量小黑点（图 3）。另一种，开始不易与前者区别，后中央呈黄白色或灰白色，边缘聚生很多黑色小粒点，病斑外常具一圈黄色晕环，病斑大小不等。叶柄或茎部染病，病斑褐色，长圆形稍凹陷，中部散生黑色小点。严重时叶枯，茎秆腐烂。

图 3　芹菜斑枯病病茎

发生规律

芹菜斑枯病为真菌病害。病菌以菌丝体在种皮内或病残体上越冬，且存活 1 年以上。播种带菌种子，出苗后即染病，在育苗畦内传播蔓延。在病残体上越冬的病原菌，遇适宜温、湿度条件，产生分生孢子器和分生孢子，借风或雨飞溅将孢子传到芹菜上。遇有水滴存在，孢子萌发出芽管经气孔或穿透表皮侵入植株。湿度大时发病重。连阴雨或白天干燥，夜间有雾或露水及温度过高过低，植株抵抗力弱时发病重。

防治措施

1. 农业防治

选用无病种子或对带病种子进行消毒；加强田间管理，施足底肥，看苗追肥，增强植株抗病力；保护地栽培要注意降温排湿，白天控温 15 ～ 20℃，高于 20℃要及时放风，夜间控制在 10 ～ 15℃，缩小日夜温差，减少结露，切忌大水漫灌。

2. 物理防治

可进行温汤浸种，即 55℃温水浸 15 min，边浸边搅拌，后移入冷水中冷却，晾干后播种。

3. 化学防治

保护地芹菜每亩次可施用 45% 百菌清烟剂 200 ～ 250 g 熏烟，或每亩次用 5% 百菌清粉尘剂 1 kg 喷撒。露地可选喷 75% 百菌清可湿性粉剂 600 倍液，或 60% 琥・乙膦铝可湿性粉剂 500 倍液，或 64% 噁霜灵・锰锌可湿性粉剂 500 倍液，或 40% 多・硫悬浮剂 500 倍液，或 47% 春雷霉素・氧氯化铜可湿性粉剂 600 ～ 800 倍液，或 10% 苯醚甲环唑水分散粒剂 1 500 ～ 2 000 倍液，隔 7 ～ 10 d 喷 1 次，连续防治 2 ～ 3 次。

26. 芹菜病毒病

分布为害

芹菜病毒病又称花叶病、皱叶病和抽筋病等，高温干旱年份发病严重，一旦发生，不易防治。在河南省芹菜种植区均有发生。

症状特征

全株染病。初期叶片皱缩，呈现浓、淡绿色斑驳或黄色斑块，表现为明显的黄斑花叶，严重时，全株叶片皱缩不长或黄化、矮缩（图 1，图 2）。

图 1　芹菜病毒病病叶

图 2　芹菜病毒病病株

发生规律

主要通过蚜虫传播，也可通过农事操作接触传毒。栽培管理条件差、干旱、蚜虫数量多发病重。

防治措施

主要采取防蚜、避蚜措施进行防治。其次是加强水肥管理，提高植株抗病力，以减轻为害。其他方法见番茄病毒病。

27. 芹菜软腐病

分布为害

芹菜软腐病又称烂疙瘩病，一般在生长中后期封垄遮阴、地面潮湿情况下易发病。该病在河南省各地均有发生。

症状特征

主要发生于叶柄基部或茎上，先出现水浸状、淡褐色纺锤形或不规则形的凹陷斑，后呈湿腐状（图 1），变黑发臭，仅残留表皮。

图 1　芹菜软腐病症状

发生规律

芹菜软腐病为细菌病害。病菌在土壤中越冬，从伤口侵入，借雨水或灌溉水传播蔓延。该病在生长后期湿度大的条件下发病重。有时与冻害或其他病害混发。

防治措施

1. 农业防治

实行两年以上轮作；定植、松土或锄草时避免伤根；培土不宜过高，以免把叶柄埋入土中；雨后及时排水，发病期减少浇水或暂停浇水；发现病株及时挖除并撒入石灰消毒。

2. 化学防治

发病初期开始喷洒 72% 农用硫酸链霉素可溶性粉剂 3 000 ～ 4 000 倍液，或 72% 新植霉素可湿性粉剂 3 000 ～ 4 000 倍液，或 14% 络氨铜水剂 350 倍液，或 50% 琥胶肥酸铜可湿性粉剂 500 ～ 600 倍液，隔 7 ～ 10 d 喷 1 次，连续防治 2 ～ 3 次。

28. 豇豆白粉病

分布为害

豇豆白粉病在河南省各地均有发生，该病除为害豇豆外，还侵害大豆、菜豆、豌豆等其他豆科作物，发病严重时对产量影响很大。

症状特征

主要为害叶片，也可侵害茎蔓及荚。叶片染病，初于叶背现黄褐色斑点，扩大后呈紫褐色斑，其上覆盖一层稀薄白粉，后病斑沿叶脉发展，白粉布满全叶，严重的叶面也显症，致叶片枯黄，引起大量落叶（图 1）。

图 1　豇豆白粉病

发生规律

豇豆白粉病为真菌病害，病菌以菌丝体在多年生植物体内、花卉上或在病残体上越冬，成为翌年初侵染源。一般干旱条件下或日夜温差大叶面易结露发病重。

防治措施

1. 农业防治

选用抗病品种；收获后及时清除病残体，集中烧毁或深埋。

2. 化学防治

发病初期喷洒70%甲基硫菌灵可湿性粉剂500倍液，或30%氟菌唑可湿性粉剂2 000倍液，或50%硫磺悬浮剂300倍液，或15%三唑酮可湿性粉剂1 000倍液，隔7 ~ 10 d喷1次，连续防治3 ~ 4次。

29. 豇豆灰霉病

分布为害

河南省各地均有发生，保护地发生较重。

症状特征

豇豆叶、茎、花、荚果均可染病，一般根茎部向上先显症，初现深褐色，中部淡棕色或浅黄色病斑，干燥时病斑表皮破裂形成纤维状，湿度大时上生灰色霉层。有时病菌从茎蔓分枝处侵入，致病部形成凹陷水浸斑，后萎蔫。苗期子叶染病，呈水浸状变软下垂，后叶缘长出白灰色霉层。叶片染病，形成较大的轮纹斑，后期易破裂（图1，图2）。荚果染病，先侵染败落的花（图3），后扩展至

图1 豇豆灰霉病病叶

荚果，病斑初淡褐色至褐色后软腐，表面生灰霉（图 4）。

图 2　豇豆灰霉病发病后期病叶

图 2　豇豆灰霉病病花

图 3　豇豆灰霉病豆荚

发生规律

豇豆灰霉病为真菌病害。病菌以菌丝、菌核或分生孢子越夏或越冬。越冬的病菌在病残体中营腐生生活，在田间存活期较长，遇到适合条件，借雨水溅射或随病残体、水流、气流、农具及衣物传播。腐烂的病荚、病叶、病卷须、败落的病花落在健部即可发病。

防治措施

1. 农业防治

棚室降低湿度，提高夜间温度，增加白天通风时间；发病田，及时拔除病株，携出田外烧毁。

2. 化学防治

定植后发现零星病株即开始喷洒 65% 甲基硫菌灵 · 乙霉威可湿粉剂 800 倍液，或 50% 腐霉利可湿粉剂 1 500 倍液，或 50% 异菌脲可湿性粉剂 1 000 ～ 1 500 倍液，或 50% 乙烯菌核利可湿性粉剂 1 000 ～ 1 500 倍液，或 40% 嘧霉胺悬浮剂 900 倍液，或 45% 噻菌灵悬浮剂 4 000 倍液，隔 7 ～ 10 d 喷 1 次，连续喷洒 2 ～ 3 次，采收前 3 d 停止用药。

30. 豇豆锈病

分布为害

豇豆锈病仅为害豇豆，是豇豆上常见的重要病害，在各蔬菜种植区发生普遍，发病严重时造成叶片干枯早落，影响产量。

症状特征

主要发生在叶片上，严重时也为害叶柄和种荚。发病初期叶背产生淡黄色小斑点，逐渐变褐，隆起呈小脓疱状，表皮破裂后，散出红褐色粉末（图 1 ～图 3），到后期散出黑色粉末。致叶片变形早落。有时叶脉、种荚也产生小脓疱，种荚染病，不能食用。此外，叶正背两面有时可见稍凸起栗褐色粒点，在叶背面产出黄白色粗绒状物。

图 1　豇豆锈病病叶正面

图 2　豇豆锈病病叶背面

图 3　豇豆锈病后期病叶

发生规律

豇豆锈病属真菌病害。病菌以冬孢子在病残体上越冬，借气流传播侵入叶片为害。日均温稳定在 24℃，连阴雨条件下，易流行。

防治措施

1. 农业防治

选用抗病品种；与其他非豆科作物轮作 2 ~ 3 年，最好是水旱轮作。

2. 化学防治

发病初期开始喷洒 15% 三唑酮可湿性粉剂 1 000 ~ 1 500 倍液，或 50% 萎锈灵乳油 800 倍液，或 50% 硫磺悬浮剂 200 倍液，或 25% 丙环唑乳油 3 000 倍液，或 50% 醚菌酯干悬浮剂 3 000 ~ 4 000 倍液，或 62.5% 腈菌唑·锰锌可湿性粉剂 200 ~ 300 倍液，隔 10 ~ 15 d 喷 1 次，连续防治 2 ~ 3 次。

31. 西葫芦白粉病

分布为害

西葫芦白粉病广泛分布于河南省各地。以春秋雨季发生最普遍，发病率 30% ~ 40%，对产量影响明显，一般减产 10% 左右，严重时可减产 50% 以上。

症状特征

苗期、成株期均可发病，植株生长后期受害重，主要为害叶片、叶柄或茎，果实受害少。初在叶片或嫩茎上出现白色小霉点，后扩大，条件适宜，霉斑迅速扩大，且彼此连片，白粉状物布满整个叶片，致叶片黄枯或卷缩，但不脱落（图 1），发病后期白色霉斑变成灰色，其上长出黑色粒点。

图 1　西葫芦白粉病病叶

发生规律

西葫芦白粉病为真菌病害。病菌以闭囊壳随病残体遗留在土表越冬，翌春再进行初侵染。在棚室，病菌主要在寄主上越冬。主要通过气流传播蔓延，与寄主接触后，从表皮直接侵入。田间湿度大，气温 16 ~ 24℃，或干湿交替出现发病重。

防治措施

1. 农业防治

选用抗病品种；收获后及时清除病残体，集中烧毁或深埋。

2. 化学防治

发病初期喷洒 70% 甲基硫菌灵可湿性粉剂 500 倍液，或 30% 氟菌唑可湿性粉剂 2 000 倍液，或 50% 硫磺悬浮剂 300 倍液，或 15% 三唑酮可湿性粉剂 1 000 倍液，隔 7 ~ 10 d 喷 1 次，连续防治 3 ~ 4 次。

32. 西葫芦灰霉病

分布为害

西葫芦灰霉病在河南省各地均有发生，尤其保护地发生较重，严重时病株率可达 30% ~ 40%。

症状特征

主要为害西葫芦的花、幼果、叶、茎或较大的果实。花和幼果的蒂部受害，初为水浸状，逐渐软化，表面密生灰绿色霉（图 1 ~ 图 3），致果实萎缩、腐烂，有时长出黑色菌核。茎部受害，呈水浸状，软化，湿度大时表面生灰绿色霉（图 4）。

图 1　西葫芦灰霉病病花及病果

图 2　西葫芦灰霉病前期病果

图 3　西葫芦灰霉病后期病果

图 4　西葫芦灰霉病叶柄

发生规律

西葫芦灰霉病为真菌病害。病菌主要以菌核或菌丝体在土壤中越冬，分生孢子可在病残体上存活 4 ~ 5 个月，成为初侵染源。此病在低温高湿，湿度高于 94%，寄主衰弱情况下易发生。

防治措施

1. 农业防治

与非茄科作物进行轮作；保护地栽培遇高湿天气要加强通风，在冬季或早春，上午棚内尽量保持较高的温度，使棚顶露水雾化，下午适当延长放风时间，以降低棚内湿度，夜间要适当提高棚温，避免叶面结露；发病初期控制浇水，不可大水漫灌，一般浇水要在晴天上午进行；发病后及时摘除病枝、病叶和病果，集中深埋或烧毁。

2. 物理防治

在 7 ~ 8 月高温季节，密闭大棚 15 ~ 20 d，利用太阳能使棚内温度到 50 ~ 60℃，最高达到 70℃，高温闷棚消毒，杀死棚内病原，减轻病害发生。

3. 化学防治

其防治方法参照番茄灰霉病的防治方法。

33. 萝卜黑腐病

分布为害

萝卜黑腐病俗称“黑心”“烂心”，是萝卜上常见病害。萝卜根内部变黑，使萝卜丧失商品价值。此病除为害萝卜外，还为害白菜类、甘蓝类等多种十字花科蔬菜。

症状特征

主要为害叶和根。叶片染病，叶缘多处产生黄色斑，后变“V”字形向内发展，叶脉变黑，呈网状，后扩及全叶变黄干枯。根部染病，导管变黑，内部组织干腐，外观往往看不见明显症状，但髓部多成黑色干腐状，后形成空洞（图 1）。田间多并发软腐病，最终成腐烂状。

图 1　萝卜黑腐病

发生规律

萝卜黑腐病为真菌病害。病菌在种子或土壤中及病残体上越冬，播种带菌种子，病株在地下即染病，导致幼苗不能出土，有的虽能出土，但出苗后不久即死亡。在田间通过灌溉水、雨水及虫伤或农事操作造成的伤口传播蔓延，病菌从叶缘处水孔或叶面伤口侵入，进入维管束向上下扩展，形成系统侵染。在发病的种株上，病菌从果柄侵入，使种子表面带菌，也可从种脐侵入，使种皮带菌，带菌种子成为此病远距离传播的主要途径。适温 25 ~ 30℃，高温多雨、连作或早播、灌水过量、地势低洼、排水不良、肥料少或未腐熟及人为伤口和虫伤多发病重。

防治措施

1. 农业防治

种植耐病品种；轮作倒茬；适时播种，不宜过早；加强管理，采用配方施肥技术，苗期小水勤浇，降低土温，及时间苗、定苗。

2. 化学防治

进行种子处理，用 50℃温水浸种 30 min，或用种子重量 0.4% 的 50% 琥胶肥酸铜可湿性粉剂拌种，用清水冲洗后晾干播种，也可用种子重量 0.2% 的 50% 福美双可湿性粉剂拌种。播种前土壤处理，每亩穴施 50% 福美双可湿性粉剂 750 g，或 40% 五氯硝基苯粉剂 750 g，对水 10 L，拌入 100 kg 细土后撒入穴中。发病初期开始喷洒 72% 农用硫酸链霉素可溶性粉剂 3 000 ～ 4 000 倍液，或 14% 络氨铜水剂 300 倍液，或 47% 春雷霉素 · 氧氯化铜可湿性粉剂 700 倍液，或 50% 氢氧化铜可湿性粉剂 500 倍液，隔 7 ～ 10 d 喷 1 次，连续防治 3 ～ 4 次。

34. 萝卜霜霉病

分布为害

萝卜霜霉病在河南省各菜区均有发生，在黄河以北地区为害较重。

症状特征

苗期至采种期均可发病，从植株下部向上扩展，叶面初现不规则褪绿黄斑，后渐扩大为多角形黄褐色病斑，湿度大时，叶背或叶两面长出白霉，严重的病斑连片致叶片变黄干枯（图 1）。茎部染病，出现黑褐色不规则状斑点。种株染病，种荚多受害，病部呈淡褐色不规则斑，上生白色霉状物。

图 1　萝卜霜霉病病叶背部霉层

发生规律

萝卜霜霉病为真菌病害。病菌主要以卵孢子在病残体或土壤中，或在采种母根或窖贮白菜上越冬。翌年卵孢子萌发产生芽管，从幼苗胚茎处侵入，并在幼茎和叶片上侵染，经风雨传播蔓延。病菌还可附着在种子上越冬，播种带菌种子直接侵染幼苗，引起苗期发病。病菌在菜株病部越冬的，越冬后病菌借气流传播。病菌喜高温高湿环境，适宜发病温度 7 ~ 28℃，最适发病温度 20 ~ 24℃，相对湿度在 90% 以上。多雨、多雾或田间积水发病重。栽培上多年连作、播期过早、种植过密、偏施氮肥发病重。

防治措施

1. 农业防治

选用抗病品种；适期播种，早间苗，晚定苗，适度蹲苗；施足底肥，增施磷、钾肥；前茬收获后清除病叶及时深翻。

2. 化学防治

发现中心病株后开始喷洒 40% 三乙膦酸铝可湿性粉剂 150 ~ 200 倍液，或 75% 百菌清可湿性粉剂 500 倍液，或 72.2% 霜霉威盐酸盐水剂 600 ~ 800 倍液，或 64% 噁霜灵 · 锰锌可湿性粉剂 500 倍液，或 58% 甲霜灵 · 锰锌可湿性粉剂 500 倍液。普遍发病时，可用 68.75% 霜霉威盐酸盐 · 氟吡菌胺悬浮剂 800 ~ 1 200 倍液，或 72% 霜脲 · 锰锌可湿性粉剂 600 ~ 800 倍液，18.7% 吡唑醚菌酯 · 烯酰吗啉水分散粒剂 500 ~ 800 倍液，视病情，隔 5 ~ 7 d 喷 1 次。

35. 白菜软腐病

分布为害

白菜软腐病又称腐烂病、烂疙瘩，在河南省各地普遍发生。为害严重时，田间可成片绝收（图1），而且病株入窖，常引起烂窖，收后损失很大。本病除为害大白菜外，还为害萝卜、甘蓝、花椰菜等十字花科蔬菜及番茄、辣椒、芹菜、莴苣等蔬菜。

图1 白菜软腐病大田症状

症状特征

苗期、莲座期、包心期均可发病。以莲座期至包心期为主，病部软腐，有臭味。发病初期外叶萎蔫，叶柄基部腐烂，病叶歪倒，露出叶球（图2），也有的茎基部腐烂并蔓延至心部（图3），有少数菜株

图2 白菜软腐病初期

图3 白菜软腐病后期

外叶湿腐（图 4），干燥时烂叶干枯呈薄纸状紧裹住叶球，或叶球内外叶较好，内部菜叶自边缘向内腐烂。

图 4　白菜软腐病湿腐状

发生规律

白菜软腐病为细菌病害。病菌在病株内或病残体内越冬，成为重要的初侵染源。通过雨水、灌溉水、肥料、土壤、昆虫等多种途径传播，由伤口或自然裂口侵入，不断发生再侵染。播种期较早的一般发病较重，施用未腐熟的肥料、高温多雨、地势低洼、排水不良、土质黏重、发病后大漫灌、肥水不足、植株生长势较弱、地下害虫多等都会加重病情。

防治措施

1. 农业防治

选用抗病品种；病田避免连作，可与豆类、麦类、水稻等作物轮作；清除田间病残体，精细整地，暴晒土壤，促进病残体分解；适时播种，适期定苗；增施基肥，及时追肥；采用高垄栽培，雨后及时排水，发现病株后及时清除。

2. 化学防治

播种前种子处理，可用 3% 中生菌素可湿性粉剂按种子重量的 1% 拌种。发病初期可用 14% 络氨铜水剂 200 ~ 400 倍液，或 77% 氢氧化铜可湿性粉剂 800 ~ 1 000 倍液，或 30% 琥胶肥酸铜可湿性粉剂 400 ~ 600 倍液，或 20% 噻菌铜悬浮剂 600 ~ 800 倍液喷雾，或 47% 春雷霉素 · 氧氯化铜可湿性粉剂 700 倍液，或 72% 农用硫酸链霉素可溶性粉剂 3 000 ~ 4 000 倍液喷雾，视病情间隔 7 ~ 10 d 喷 1 次，重点喷洒病株基部及地表。

36. 白菜霜霉病

分布为害

白菜霜霉病俗称白霉病、霜叶病，在河南省各地普遍发生，为害严重。除为害大白菜外，也可为害萝卜、油菜、小白菜、花椰菜等十字花科蔬菜。流行年份可造成减产 50% ～ 60%。

症状特征

各生育期均有为害，主要为害叶片。苗期受害，子叶叶背出现白霉层，小苗真叶正面无明显症状，严重时幼苗枯死。成株期发病，叶正面出现灰白色、淡黄色或黄绿色边缘不明显的病斑，后扩大为黄褐色病斑，受叶脉限制而呈多角形或不规则形（图 1），叶背密生白色霉层（图 2）。在发病盛期，发生严重时数个病斑相互连接形成不规则的枯黄叶斑，使病叶局部或整叶枯死（图 3）。

图 1　白菜霜霉病病叶正面

图 2　白菜霜霉病叶背霉层

图 3　白菜霜霉病病株

发生规律

白菜霜霉病为真菌病害。病菌主要以卵孢子在病残组织里或土壤中，或以菌丝体在留种株上越冬，成为翌年初侵染源，经风雨传播蔓延。此外，病菌还可附着在种子上越冬，播种带菌种子直接侵染幼苗，引起苗期发病。病害发生的适温为16～20℃，相对湿度70%左右。大白菜进入莲座期以后，随着植株迅速生长，外叶开始衰老，如遇气温偏高，或阴雨较多、光照不足、雾多、露水重，病害发生较重。在生产中，播种过早、密度过大、田间通透性差、植株疯长或生长期严重缺肥等都会加重病情。

防治措施

1. 农业防治

选用抗病品种；适期播种，适当稀植；施足底肥，增施磷、钾肥；早间苗，晚定苗，适度蹲苗；小水勤灌，雨后及时排水；清除病苗，收获后及时清除田间病残体并带出田外集中深埋或烧毁。

2. 化学防治

播种前进行种子处理，可用温水浸种2 h，再用72.2%霜霉威盐酸盐水剂500倍液浸种1 h；或用53%甲霜灵·锰锌水分散粒剂，或用25%甲霜灵可湿性粉剂，或用3.5%咯菌·精甲霜悬浮种衣剂按种子重的0.3%拌种。其他防治方法同萝卜霜霉病。

37. 草莓白粉病

分布为害

草莓白粉病是草莓上重要病害之一，在河南省草莓种植区均有发生。该病在草莓整个生长季节均可发生，苗期染病造成秧苗素质下降，不易移植成活，果实染病后严重影响草莓品质，导致成品率下降。在适宜条件下，该病可迅速蔓延成灾，损失严重。

症状特征

该病害主要为害叶、叶柄、花、花梗及果实。叶片染病，于叶背面出现白色粉状物，后致叶片坏疽或幼叶上卷（图 1）；花蕾、花染病，花瓣呈粉红色，花蕾不能开放；果实染病幼果不能正常膨大，干枯，若后期受害，果面上覆白色粉状物，随着病情加重，果实失去光泽并硬化，着色变差（图 2）。

图 1　草莓白粉病病叶

图 2　草莓白粉病病果

发生规律

草莓白粉病为真菌病害。病原菌是专性寄生菌，以菌丝或分生孢子在病株或病残体中越冬或越夏，成为翌年的初侵染源。环境适宜时，病菌借气流或雨水传播落在寄主叶片上，从叶片表皮侵入，附生在叶面上，病菌侵染适温 15 ~ 30℃，相对湿度 80% 以上。种植在塑料棚、温室或田间的草莓，湿度大利于其流行，低温也可发病，尤其当高温干旱与高温、高湿交替出现，又有大量病源时易大流行。

防治措施

1. 农业防治

选用抗病品种。

2. 物理防治

采用 27% 高脂膜乳剂 80 ～ 100 倍液，于发病初期喷洒在叶片上，形成一层薄膜，不仅可防止病菌侵入，还可造成缺氧条件使病菌死亡。一般隔 5 ～ 6 d 喷 1 次，连续喷 3 ～ 4 次。

3. 化学防治

发病初期喷洒 4% 四氟醚唑水乳剂 800 ～ 1 000 倍液，或 50% 醚菌酯水分散粒剂 4 000 ～ 5 000 倍液，或 15% 三唑酮可湿性粉剂 1 500 倍液，或 30% 氟菌唑可湿性粉剂 1 500 ～ 2 000 倍液，或 40% 氟硅唑乳油 9 000 倍液。棚室栽培可采用烟雾法，即用硫磺熏烟消毒，定植前几天，将草莓棚密闭，每 100 m^3 空间用硫黄粉 250 g、锯末 500 g 掺匀后，分别装入小塑料袋分放在室内，于晚上点燃熏 1 夜；也可用 45% 百菌清烟剂每亩地用 200 ～ 250 g，分放在棚内 4 ～ 5 处，用香或卷烟点燃发烟时闭棚，次晨通风。采收前 7 d 停止用药。

38. 草莓灰霉病

分布为害

草莓灰霉病在河南省各草莓栽培区均有发生。该病的发生常造成花及果实腐烂，感病品种病果率在 30% 左右，严重的可达 60% 以上，对草莓的产量、品质影响很大。

症状特征

本病主要为害花、叶和果实，也侵害叶片和叶柄。发病多从花期开始，病菌最初从将开败的花或较衰弱的部位侵染，使花呈浅褐色坏死腐烂，产生灰色霉层。叶多从基部老黄叶边缘侵入，形成“V”字形黄褐色斑，或沿花瓣掉落的部位侵染，形成近圆形坏死斑，其上有不甚明显的轮纹，上生较稀疏灰霉。果实染病多从残留的花瓣或靠近或接触地面的部位开始，也可从早期与病残组织接触的部位侵入，初呈水渍状灰褐色坏死，随后颜色变深，果实腐烂，表面产生浓密的灰色霉层（图 1）。叶柄发病，呈浅褐色坏死、干缩，其上产生稀疏灰霉。

图 1　草莓灰霉病病果

发生规律

病菌以菌丝体、分生孢子随病残体或菌核在土壤内越冬。通过气流、浇水或农事活动传播。温度 0 ～ 35℃，相对湿度 80% 以上均可发病，以温度 0 ～ 25℃、湿度 90% 以上，或植株表面有积水适宜发病。空气湿度高，或浇水后逢雨天或地势低洼积水等，特别有利此病的发生与发展。另据调查，平畦种植或卧栽盖膜种植病害严重；高垄、地膜栽培病害轻。

防治措施

1. 农业防治

选用抗病品种；注意选择茬口，最好与禾本科作物实行 2 ～ 3 年轮作；定植前深耕，可减少菌源，提倡高畦栽培，注意排水降湿；发现植株过密，应及早分棵，注意摘除病果和老叶，防止传播蔓延。

2. 化学防治

棚室发病初期采用烟雾法或粉尘法。烟雾法用 10% 腐霉利烟剂每亩次 200 ～ 250 g，或 45% 百菌清烟剂每亩次 250 g，熏 3 ～ 4 h；粉尘法于傍晚喷撒 5% 百菌清粉尘剂，每亩次 1 kg。

保护地栽培和露地栽培可用喷雾法防治灰霉病，在发病初期，可用 50% 腐霉利可湿性粉剂 1 500 ～ 2 000 倍液，或 50% 啶酰菌胺水分散粒剂 1 000 ～ 1 500 倍液，或 40% 嘧霉胺悬浮剂 1 000 ～ 1 500 倍液，或 50% 嘧菌环胺水分散粒剂 800 ～ 1 000 倍液，或 50% 异菌脲悬浮剂 1 000 ～ 1 500 倍液喷雾，每隔 7 ～ 10 d 防治 1 次，连续 3 ～ 4 次。

39. 上海青霜霉病

分布为害

在河南省各种植区均有发生，严重发病时会影响产量，尤其对质量影响较大。

症状特征

该病在苗期、成株期均可发生，叶片初现边缘不明晰的褪绿斑点，扩大后受叶脉限制则现黄褐色多角形斑，病斑背面长出疏密不等的白霉，严重时病斑融合，叶片变黄干枯，不能食用（图 1，图 2 ）。采种株的茎顶及花梗染病，多肥肿畸形，似“龙头拐”。种荚染病也致不同程度变形，结实不良。茎、花梗及荚果染病，表面湿度大时生白色霉状物。

图 1　上海青霜霉病病叶

图 2　上海青霜霉病病叶

发生规律

上海青霜霉病为真菌病害。病菌主要在病残体或土壤中，或在采种母根或窖贮白菜上越冬。翌年病菌从幼苗胚茎处侵入，侵染第一片真叶，并在幼茎和叶片上产出病菌。经风雨传播蔓延，先侵染普通白菜或其他十字花科蔬菜；此外，病菌还可附着在种子上越冬，播种带菌种子直接侵染幼苗，引起苗期发病。病菌在菜株病部越冬的，越冬后产生病菌，借气流传播，可多次侵染，直到秋末冬初条件恶劣时，在寄主组织内越冬，经 1 ~ 2 月休眠后，又可萌发，成为下一年初侵染源。

防治措施

1. 农业防治

选用抗病品种；适期播种，适当稀植；施足底肥，增施磷、钾肥；早间苗，晚定苗，适度蹲苗；小水勤灌，雨后及时排水；清除病苗，收获后及时清除田间病残体并带出田外集中深埋或烧毁。

2. 化学防治

播种前进行种子处理，可用温水浸种 2 h，再用 72.2% 霜霉威盐酸盐水剂 500 倍液浸种 1 h；或用 53% 甲霜灵 · 锰锌水分散粒剂，或用 25% 甲霜灵可湿性粉剂，或用 3.5% 咯菌 · 精甲霜悬浮种衣剂按种子重的 0.3% 拌种。其他防治方法同萝卜霜霉病。

40. 生菜软腐病

分布为害

生菜软腐病在河南省生菜种植地均有发生，主要为害包心生菜，一般发病率为 3% ~ 12%，发病严重时能造成生菜成片死棵。

症状特征

本病常在生长中后期开始发生，多从植株基部伤口处开始侵染，初呈水浸状半透明状，以后病部扩大成不规则形，充满浅灰褐色黏稠物，并释放出恶臭气味，随病情发展病害沿基部向上快速扩展，使整个菜球腐烂（图 1，图 2）。有时病菌也从外叶叶缘和叶球顶部开始侵染，引起腐烂。

图 1　生菜软腐病

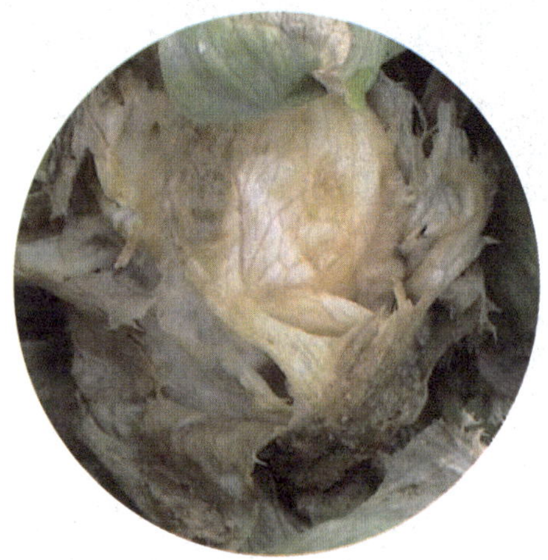

图 2　生菜软腐病后期

发生规律

生菜软腐病为细菌病害。病菌随病残体留在土中越冬，通过雨水、浇灌水、肥料、土壤、昆虫等多种途径传播，从伤口侵入。连作田、土质黏重、低洼易积水、施用未腐熟的有机肥、肥水不足，植株长势较弱、高温多雨发病重。

防治措施

1. 农业防治

选用抗病品种；病田避免连作，可与豆类、麦类、水稻等作物轮作；清除田间病残体，精细整地，暴晒土壤，促进病残体分解；适时播种，适期定苗；增施基肥，及时追肥；采用高垄栽培，雨后及时排水，发现病株后及时清除。

2. 化学防治

播种前种子处理，可用 3% 中生菌素可湿性粉剂按种子重量的 1% 拌种。发病初期可用 14% 络氨铜水剂 200 ~ 400 倍液，或 77% 氢氧化铜可湿性粉剂 800 ~ 1 000 倍液，或 30% 琥胶肥酸铜可湿性粉剂 400 ~ 600 倍液，或 20% 噻菌铜悬浮剂 600 ~ 800 倍液喷雾，或 47% 春雷霉素·氧氯化铜可湿性粉剂 700 倍液，或 72% 农用硫酸链霉素可溶性粉剂 3 000 ~ 4 000 倍液喷雾，视病情间隔 7 ~ 10 d 喷 1 次，重点喷洒病株基部及地表。

41. 菠菜霜霉病

分布为害

菠菜霜霉病是菠菜上发病率较高的一种病害，在河南省各地均有发生。该病主要为害菠菜叶片，影响产量、品质，降低经济效益。

症状特征

本病主要为害叶片。叶片染病，病斑初呈淡绿色小点，边缘不明显，扩大后呈不规则形，大小不一，直径 3 ~ 17 mm，叶片背面病斑上产生灰白色霉层，后变灰紫色，病斑从外部叶片逐渐向内部叶片发展，从植株下部向上扩展，干旱时病叶枯黄，湿度大时多腐烂，严重的整株叶片变黄枯死（图 1），有的菜株呈萎缩状，多为冬前系统侵染所致。

图 1　菠菜霜霉病

发生规律

菠菜霜霉病是真菌病害。病菌在被害的寄主和种子上或在病残叶内越冬，翌春借气流、雨水、农具、昆虫及农事操作传播蔓延，从寄主表皮或气孔侵入，后在田间进行再侵染。种植过密，植株生长弱，积水或早播情况下发病重。

防治措施

1. 农业防治

选用抗病品种；适期播种，适当稀植；施足底肥，增施磷、钾肥；早间苗，晚定苗，适度蹲苗；小水勤灌，雨后及时排水；清除病苗，收获后及时清除田间病残体并带出田外集中深埋或烧毁。

2. 化学防治

播种前进行种子处理，可用温水浸种 2 h，再用 72.2% 霜霉威盐酸盐水剂 500 倍液浸种 1 h；或用 53% 甲霜灵 · 锰锌水分散粒剂，或用 25% 甲霜灵可湿性粉剂，或用 3.5% 咯菌 · 精甲霜悬浮种衣剂按种子重的 0.3% 拌种。其他防治方法同萝卜霜霉病。

42. 莙荙菜病毒病

分布为害

莙荙菜病毒病在河南省莙荙菜种植区偶有发生，能系统侵染莙荙菜。发生严重时对产量和品质影响很大。

症状特征

苗期、成株均可发病。幼苗受害，叶片现黄花叶，心叶则多呈皱缩花叶，严重影响幼苗生长发育。成株发病，症状有花叶、卷叶、畸形皱缩（图 1）、叶组织增厚以至叶尖或叶缘变黑焦枯等多种，以上症状可单独出现或混合出现，致植株发育受阻，甚至萎缩。

图 1　莙荙菜病毒病

发生规律

由黄瓜花叶病毒（CMV）和甜菜花叶病毒（BMV）单独或复合侵染引起。两种病毒均可在莙荙菜植株上或在田间其他寄主植物上存活越冬，并可借汁液磨擦传染，或通过棉蚜、桃蚜等多种蚜虫传染，种子也可能带毒。任何有利于传毒虫媒蚜虫繁殖活动的天气或田间适宜生态条件的存在，都有利于本病发生。田间农事操作也有助于病毒病的汁液磨擦传染，从而使病害得以蔓延扩大。

防治措施

1. 农业防治

选用抗病品种；采用配方施肥技术，培育壮苗；适期定植，一般当地晚霜过后，即应定植，保护地可适当提早。

2. 化学防治

（1）及时防治蚜虫：每亩可用10%吡虫啉可湿性粉剂15 ~ 20 g，或3%啶虫脒乳油30 ~ 40 mL，或4.5%高效氯氰菊酯乳油30 ~ 40 mL，对水喷雾。

（2）发病初期喷洒药剂：可用2%宁南霉素水剂250 ~ 300倍液，或1.5%烷醇·硫酸铜水乳剂1 000倍液，或24%混脂·硫酸铜水乳剂800 ~ 1 000倍液，或20%吗胍·乙酸铜可湿性粉剂500倍液，或0.5%葡聚烯糖可溶粉剂4 000 ~ 5 000倍液，隔5 d左右喷1次，连续防治2 ~ 3次。

43. 南瓜病毒病

分布为害

南瓜病毒病又称花叶病，在河南省南瓜种植区均有发生，且在田间发病早，发生严重。

症状特征

本病主要有以下类型。

（1）花叶型：叶片上出现黄绿相间的花叶斑驳，叶片成熟后叶小，皱缩，边缘卷曲。果实上表现为瓜条出现深浅绿色相间的花斑。

（2）皱叶型：多出现在成株期，叶片出现皱缩（图1，图2），病部出现隆起绿黄相间斑驳，叶片边缘难于开展，同时叶片变厚、叶色变浓。

（3）蕨叶型：南瓜植株生长点新叶变成蕨叶，成鸡爪状。果实受害后果面出现凹凸不平、颜色不一致的色斑，而且果实膨大不正常。

图1　南瓜病毒病病叶

图2　南瓜病毒病病株

发生规律

此病由黄瓜花叶病毒（CMV）、甜瓜花叶病毒（MMV）和烟草环斑病毒（TRSV）等多种病毒侵染所致。气温在 24 ～ 28℃时，植株染病也不显症状；当温度高于 30℃时，染病植株才表现受害症状。高温干旱有利于蚜虫迁飞和繁殖，易诱发此病流行。南瓜病毒病有春季 5 ～ 6 月和秋季 9 ～ 11 月两个发生盛期，一般秋季重于春季。

防治措施

1. 农业防治

选用抗病品种；采用配方施肥技术，培育壮苗；适期定植，一般当地晚霜过后，即应定植，保护地可适当提早。

2. 化学防治

（1）及时防治蚜虫：每亩可用 10% 吡虫啉可湿性粉剂 15 ～ 20 g，或 3% 啶虫脒乳油 30 ～ 40 mL，或 4.5% 高效氯氰菊酯乳油 30 ～ 40 mL，对水喷雾。

（2）发病初期喷洒药剂：可用 2% 宁南霉素水剂 250 ～ 300 倍液，或 1.5% 烷醇・硫酸铜水乳剂 1 000 倍液，或 24% 混脂・硫酸铜水乳剂 800 ～ 1 000 倍液，或 20% 吗胍・乙酸铜可湿性粉剂 500 倍液，或 0.5% 葡聚烯糖可溶粉剂 4 000 ～ 5 000 倍液，隔 5 d 左右喷 1 次，连续防治 2 ～ 3 次。

44. 南瓜白粉病

分布为害

南瓜白粉病是南瓜上发生最普遍且严重的一个病害，严重时致南瓜叶片枯黄及至焦枯，影响南瓜结实。

症状特征

苗期、成株期均可发病，植株生长后期受害重，主要为害叶片、叶柄或茎，果实受害少。初期在叶片或嫩茎上出现白色小霉点，后扩大为 1 ～ 2cm 霉斑，条件适宜时，霉斑迅速扩大，且彼此连片，白粉状物布满整个叶片，白粉下面的叶组织先为淡黄色，后变褐色，后期变成灰白色，致叶片干枯卷缩，但不脱落，秋末霉斑上长出黑色小粒点（图 1，图 2）。

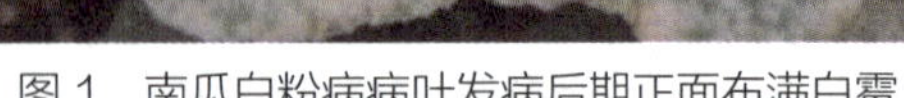

图 1　南瓜白粉病病叶发病后期正面布满白霉

图 2　南瓜白粉病病叶叶背及蔓上白色霉层

发生规律

南瓜白粉病属真菌病害。病菌随病残体遗留在土表越冬，翌春进行初侵染。在棚室，病菌在寄主上越冬。病菌主要通过气流传播蔓延，与寄主接触后，直接从表皮细胞侵入，不断蔓延，条件适宜，进行重复侵染。病菌萌发温度 10 ～ 30℃，以 20 ～ 25℃最为适宜。田间湿度大，气温 16 ～ 24℃，或干湿交替出现发病重。

防治措施

1. 农业防治

选用抗病品种；与禾本科作物轮作 2 ～ 3 年；合理施肥；及时摘除基部病、老黄叶，并深埋或集中烧毁。

2. 化学防治

在发病初期开始喷洒 25% 乙嘧酚悬浮剂 1 500 ～ 2 500 倍液，或 30% 醚菌酯悬浮剂 1 500 ～ 2 500 倍液，或 30% 氟菌唑可湿性粉剂 1 500 ～ 2 000 倍液，或 10% 苯醚甲环唑水分散粒剂 1 500 ～ 2 500 倍液，或 25% 三唑酮可湿性粉剂 2 000 倍液，隔 7 ～ 10 d 喷 1 次，连续防治 2 ～ 3 次。

45. 油麦菜黑斑病

分布为害

油麦菜黑斑病又称轮纹斑、叶枯病，在油麦菜上发生普遍，对油麦菜品质影响较大。

症状特征

本病主要为害叶片，在叶片上形成圆形至近圆形褐色斑点，在不同的条件下病斑大小差异较大，一般 3 ~ 15 mm，褐色至灰褐色，具有同心轮纹（图 1 ~ 图 3）。在田间一般病斑表面看不到霉状物。

图 1　油麦菜黑斑病发病初期

图 2　油麦菜黑斑病发病中期

图 3　油麦菜黑斑病发病后期

发生规律

油麦菜黑斑病为真菌病害。病菌可在土壤的病残体或种子上越冬。在温、湿度适宜时，产生病菌进行侵染，可通过风、雨传播，进行再侵染。温暖潮湿，阴雨天及结露持续时间长，病害易流行。在土壤肥力不足，植株生长衰弱时，发病重。

防治措施

1. 农业防治

加强田间管理，增施有机肥及磷钾肥，提高植株抗病力；实行轮作制，不与菊科蔬菜连作；及时打去老叶、病叶并将病残体集中烧毁或深埋。

2. 化学防治

发病初期喷洒 75% 百菌清可湿性粉剂 600 倍液，或 50% 异菌脲可湿性粉剂 1 500 倍液，或 10% 苯醚甲环唑水分散粒剂 1 000 ~ 1 500 倍液，或 68.75% 噁酮 · 锰锌水分散粒剂 800 ~ 1 000 倍液，或 40% g 菌丹可湿性粉剂 400 倍液，或 70% 乙膦 · 锰锌可湿性粉剂 500 倍液，隔 10 d 左右喷 1 次，连续防治 2 ~ 3 次。

46. 花椰菜黑斑病

分布为害

花椰菜黑斑病又称黑霉病，在河南省各地均有发生。该病是十字花科蔬菜上常见的病害，在大白菜上发生普遍，花椰菜上发生较少。

症状特征

本病主要为害叶片、叶柄、花梗和种荚，该病多发生在外叶或外层球叶上，初在病部产生小黑斑，温度高时病斑迅速扩大为灰褐色圆形病斑，直径 5 ~ 30 mm，比白菜黑斑病大，轮纹不明显，但病斑上产生的黑霉常较白菜多且明显（图 1）。发生严重时叶上病斑很多，病斑汇合成大斑，或致叶片变黄早枯。茎、叶柄染病，病斑呈纵条形，具黑霉。花梗、种荚染病，出现黑褐色长梭形条状斑，结实少或种子瘦瘪。

图 1　花椰菜黑斑病

发生规律

花椰菜黑斑病属真菌病害。病菌主要以菌丝体及分生孢子在土壤中、病残体上、留种株上及种子表面越冬，成为翌年初侵染源。分生孢子借风雨传播，进行再侵染使病害蔓延。病菌在 10 ~ 35℃都能生长发育，但常要求较低的温度，适温 17℃，最适 pH6.6。病菌在水中可存活 1 个月，在土中可存活 3 个月，在土表存活 1 年，一般在花椰菜生长中后期，遇连阴雨天气，或肥力不足，或大田改种甘蓝类蔬菜发病重。

防治措施

1. 农业防治

应选择地势较高不易积水的地块种植，施用腐熟的优质有机肥，增施基肥，注意氮磷钾配合；适期播种，适当稀植，适时适量灌水，雨后及时排除田间积水；及时摘除病叶，收获后及时清除田间病残体并带出田外深埋或烧毁，减少菌源。

2. 化学防治

播种前种子处理，可用 50% 异菌脲可湿性粉剂，或 50% 腐霉利可湿性粉剂，或 50% 福美双可湿性粉剂按种子重量的 0.2% ~ 0.3% 拌种。发病初期喷洒 64% 噁霜 · 锰锌可湿性粉剂 500 ~ 700 倍液，或 50% 异菌脲可湿性粉剂 1 500 倍液，或 50% 腐霉利可湿性粉剂 2 000 倍液，隔 7 ~ 10 d 喷 1 次，连续防治 2 ~ 3 次。

47. 丝瓜病毒病

分布为害

丝瓜病毒病在河南省各地均有发生，近几年随着丝瓜种植面积加大，该病的发生与为害也呈加重趋势，轻发病田可减产`10% ~ 20%，重发病田减产达50%以上，严重影响丝瓜品质和产量。

症状特征

幼嫩叶片感病呈浅绿与深绿相间斑驳或褪绿色小环斑。老叶染病现黄色环斑或黄绿相间花叶，叶脉抽缩致叶片歪扭或畸形（图1）。发病严重的叶片变硬、发脆，叶缘缺刻加深，后期产生枯死斑。果实发病，病果呈螺旋状畸形，或细小扭曲，其上产生褪绿色斑。

图1 丝瓜病毒病病叶

发生规律

本病由多种病毒引起，如黄瓜花叶病毒（CMV）、甜瓜花叶病毒（ MMV ）、烟草环斑病毒（TRSV），以黄瓜花叶病毒为主。黄瓜花叶病毒可在菜田多种寄主或杂草上越冬，在丝瓜生长期间，主要靠蚜虫传毒，还可通过农事操作及汁液接触传播蔓延。甜瓜花叶病毒除种子带毒外，其他传播途径与黄瓜花叶病毒类似。烟草环斑病毒主要靠汁液磨擦传毒。

防治措施

1. 农业防治

选用抗病品种；采用配方施肥技术，培育壮苗；适期定植，一般当地晚霜过后，即应定植，保护地可适当提早。

2. 化学防治

（1）及时防治蚜虫：每亩可用 10% 吡虫啉可湿性粉剂 15 ～ 20 g，或 3% 啶虫脒乳油 30 ～ 40 mL，或 4.5% 高效氯氰菊酯乳油 30 ～ 40 mL，对水喷雾。

（2）发病初期喷洒药剂：可用 2% 宁南霉素水剂 250 ～ 300 倍液，或 1.5% 烷醇・硫酸铜水乳剂 1 000 倍液，或 24% 混脂・硫酸铜水乳剂 800 ～ 1 000 倍液，或 20% 吗胍・乙酸铜可湿性粉剂 500 倍液，或 0.5% 葡聚烯糖可溶粉剂 4 000 ～ 5 000 倍液，隔 5 d 左右喷 1 次，连续防治 2 ～ 3 次。

第二部分

蔬菜主要害虫

1. 蚜虫

分布为害

蚜虫在河南省各地均有发生。蚜虫以刺吸式口器吸食蔬菜汁液。其繁殖力强，又群聚为害，常造成叶片卷缩变形、植株生长不良，影响包心或结球，造成减产。为害留种植株的嫩茎、嫩叶、花梗和嫩荚，使花梗扭曲畸形，不能正常抽薹、开花、结实，并因大量排泄蜜露、蜕皮而污染叶面，降低蔬菜商品价值。此外，蚜虫传播多种病毒病，造成的为害远远大于蚜害本身。

形态特征

1. 桃蚜

桃蚜呈黄绿色与红褐色。无翅孤雌蚜：体长 2.6 mm， 宽 1.1 mm。体淡色，头部深色，体表粗糙，但背中域光滑。额瘤显著，中额瘤微隆。触角长 2.1 mm，腹管长筒形，端部黑色，为尾片的 2.3 倍。尾片黑褐色，圆锥形，近端部 1/3 收缩，有曲毛 6 ~ 7 根（图 1）。有翅孤雌蚜：头、胸黑色，腹部淡色。腹部第 4 ~ 6 节背中融合为一块大斑，第 2 ~ 6 节各有大型缘斑，第 8 节背中有一对小突起。

图 1　桃蚜

2. 萝卜蚜

萝卜蚜呈绿色至黑绿色，被薄粉。有翅胎生雌蚜：头、胸黑色，腹部绿色。第1～6腹节各有独立缘斑，腹管前后斑愈合，第1节有背中窄横带，第5节有小型中斑，第6～8节各有横带，第6节横带不规则。无翅胎生雌蚜：体长2.3 mm，宽1.3 mm，绿色或黑绿色，被薄粉。表皮粗糙，有菱形网纹。腹管长筒形，顶端收缩，长度为尾片的1.7倍。尾片有长毛4～6根。

3. 甘蓝蚜

（1）有翅胎生雌蚜：体长约2.2 mm，头、胸部黑色，复眼赤褐色。腹部黄绿色，有数条不很明显的暗绿色横带，两侧各有5个黑点，全身覆有明显的白色蜡粉。无额瘤。腹管很短，远比触角第5节短，中部稍膨大。

（2）无翅胎生雌蚜：体长2.5 mm左右，全身暗绿色，被有较厚的白蜡粉，复眼黑色，无额瘤。腹管短于尾片；尾片近似等边三角形，两侧各有2～3根长毛。

4. 瓜蚜

（1）无翅胎生雌蚜：体长1.5～1.9 mm，夏季黄绿色，春、秋墨绿色。体表被薄蜡粉，尾片两侧各具毛3根（图2）；雄蚜：体长1.3～1.9 mm，狭长卵形，有翅，绿色、灰黄色或赤褐色。

（2）有翅胎生雌蚜：体长1.2～1.9 mm，黄色、浅绿色或深绿色。头胸大部分为黑色，腹部两侧有3～4对黑斑，触角短于身体；若蚜：共4龄，体长0.5～1.4 mm，形如成蚜，复眼红色，体被蜡粉，有翅若蚜2龄现翅芽。

（3）有翅性母蚜：有翅、体黑色、腹部微带绿色；产卵雌蚜：有翅、体长1.4 mm，草绿色，透过表皮可看腹中的卵。卵：长约0.5 mm，椭圆形，初产时橙黄色，后变黑色。干母：体长1.6 mm，卵圆形，暗绿色至黑色，无翅。

图2 瓜蚜

发生规律

桃蚜属乔迁式蚜虫，可为害350种植物。萝卜蚜、瓜蚜、甘蓝蚜属留守式蚜虫，即终年生活在一种或近缘的寄主植物上。

（1）桃蚜：年发生10代，世代重叠极为严重，以无翅胎生雌蚜在风障菠菜、窖藏白菜或温室内越冬，或在菜心里产卵越冬。在加温温室内，终年在蔬菜上胎生繁殖，不越冬。翌春4月下旬产生有翅蚜，迁飞至已定植的甘蓝、花椰菜上继续胎生繁殖，至10月下旬进入越冬。靠近桃树的亦可产生有翅蚜飞回桃树交配产卵越冬。桃蚜发育起点温度为4.3℃，有效积温为137 d℃。在9.9℃下发育历期24.5 d，25℃为8 d；发育最适温为24℃，高于28℃则不利，春、秋季呈两个发生高峰期。桃蚜对黄色、橙色有强烈的趋性，而对银灰色有负趋性。

（2）萝卜蚜：喜欢在叶面多毛而蜡质少的十字花科蔬菜上为害。年发生10余代。在蔬菜上产卵越冬。在温室中，终年以无翅胎生雌蚜繁殖，无显著越冬现象；翌春3～4月孵化为干母，在越冬寄主上繁殖几代后，产生有翅蚜，向其他蔬菜上转移，扩大为害。到晚秋，部分产生性蚜，交配产卵越冬。萝卜蚜的适温比桃蚜稍广些，在较低温的情况下，萝卜蚜发育快。此外，寄主虽然以十字花科为主，但尤喜白菜、萝卜等中直有毛的蔬菜，以秋季在白菜、萝卜上的发生最为严重。

（3）甘蓝蚜：年发生10余代，以卵在蔬菜上越冬。翌春4月孵化，先在越冬寄主嫩芽上胎生繁殖，而后产生有翅蚜迁飞至已经定植的甘蓝、花椰菜苗上，继续胎生繁殖为害，以春末夏初及秋季最重。10月初产生性蚜，交尾产卵于留种或贮藏的菜株上越冬。少数成蚜和若蚜也可在菜窖中越冬。甘蓝蚜的发育起点温度为4.3℃，有效积温为112.6 d℃。繁殖的适温为16～17℃，低于14℃或大于18℃，产仔数均趋于减少；此外，对寄主选择上，偏嗜叶面光滑无毛的甘蓝、花椰菜类，所以在春、秋两茬大面积栽培时，甘蓝蚜也在春、秋形成两次发生高峰。

（4）瓜蚜：每年发生10余代，以卵在越冬寄主上或以成蚜、若蚜在温室内蔬菜上越冬或继续繁殖。春季气温达6℃以上开始活动，在越冬寄主上繁殖2～3代后，于4月底产生有翅蚜迁飞到露地蔬菜上繁殖为害，直至秋末冬初又产生有翅蚜迁入保护地，可产生雄蚜与雌蚜交配产卵越冬。春、秋季10 d以上完成1代，夏季4～5 d1代，每雌可产若蚜60余头。繁殖适温为16～20℃，超过25℃，相对湿度达75%以上，不利于瓜蚜繁殖。露地以6至7月中旬虫口密度最大，为害最重，7月中旬以后，因高温高湿和降雨冲刷，不利于瓜蚜生长发育，为害程度也减轻。

四种蚜虫在保护地每年可发生10余代，在具备繁殖的条件下可周年发生并为害，无滞育现象。在露地以成蚜或卵在过冬蔬菜上或桃树上越冬。一般在春秋两季各有一个发生高峰。

防治措施

防治蚜虫宜及早用药，将其控制在点片发生阶段。

1. 农业防治

蔬菜收获后及时清理田间残株败叶，铲除杂草。

2. 物理防治

利用蚜虫对黄色有较强趋性的原理，在田间设置黄板，上涂机油或其他黏性剂吸引蚜虫并杀灭；

利用蚜虫对银灰色有负趋性的原理，在田间悬挂或覆盖银灰膜，每亩用膜 5 kg，在大棚周围挂银灰色薄膜条（10 ~ 15cm 宽），每亩用膜 1.5 kg，驱避蚜虫，在播种或定植前就要设置好；利用银灰色遮阳网、防虫网覆盖栽培。

3. 化学防治

保护地熏烟，于傍晚每亩地用 22% 敌敌畏烟剂 300 ~ 400 g，分散放 3 ~ 4 堆，用暗火点燃，冒烟后闭棚至第二天早晨。或选用 10% 吡虫啉可湿性粉剂 2 500 ~ 3 000 倍液，或 1.5% 阿维菌素水剂 2 000 ~ 3 000 倍液，或 2.5% 溴氰菊酯乳油 1 500 ~ 3 000 倍液，或 5% 啶虫脒乳油 3 000 ~ 4 000 倍液，或 5% 高氯・啶虫脒乳油 1 500 ~ 2 000 倍液喷雾防治蚜虫。

2. 茶黄螨

分布为害

茶黄螨是为害蔬菜较重的害螨之一，食性极杂，主要为害黄瓜、茄子、番茄、辣椒、马铃薯、芹菜、木耳菜、萝卜、瓜类、豆类等蔬菜。近年来对河南省蔬菜为害日趋严重。茶黄螨以成螨和幼螨集中在蔬菜幼嫩部分刺吸为害。受害叶片背面呈灰褐或黄褐色，油渍状，叶片边缘向下卷曲；受害嫩茎、嫩枝变黄褐色，扭曲变形，严重时植株顶部干枯（图 1 ~ 图 3）；果实受害果皮变黄褐色。茄子果实受害后，呈开花馒头状。主要在夏、秋露地发生。

图 1　茶黄螨为害辣椒植株

图 2　辣椒顶部茶黄螨为害状

图 3　茶黄螨为害辣椒田

形态特征

（1）雌螨：长约 0.21 mm，椭圆形，较宽阔，腹部末端平截，淡黄色至橙黄色，表皮薄而透明，因此螨体呈半透明状。体背部有一条纵向白带。足较短，第 4 对足纤细，其跗节末端有端毛和亚端毛。腹面后足体部有 4 对刚毛。假气门器官向后端扩展。

（2）雄螨：长约 0.19 mm。前足体有 3 ~ 4 对刚毛。腹面后足体有 4 对刚毛。足较长而粗壮，第 3、4 对足的基节相接。第 4 对足胫、跗节细长，向内侧弯曲，远端 1/3 处有一根特别长的鞭状毛，爪退化为钮扣状。

（3）卵：椭圆状，无色透明，表面具纵列瘤状突起。

（4）幼螨：近椭圆形，淡绿色。足 3 对，体背有一条白色纵带，腹末端有 1 对刚毛。若螨长椭圆形，是静止的生长发育阶段，外面罩着幼螨的表皮（图 4）。

图 4　辣椒叶背茶黄螨

发生规律

在温室条件下，全年都可发生，每年可发生很多代，但冬季繁殖能力较低。大棚内自 5 月下旬开始发生，6 月下旬至 9 月中旬为盛发期，露地蔬菜以 7 ~ 9 月受害重，茄子受害发生裂果的高峰在 8 月中旬至 9 月上旬。冬季主要在温室内越冬，少数雌成螨可在冬作物或杂草根部越冬。以两性生殖为主，也能进行孤雌生殖，但未受精的卵孵化率低。卵散产于嫩叶背面、幼果凹处或幼芽上，经 2 ~ 3 d 孵化，幼螨期 2 ~ 3 d，若螨期 2 ~ 3 d。茶黄螨发育繁殖的最适温度为 16 ~ 23℃，相对湿度为 80% ~ 90%。世代发育历期在 28 ~ 30℃，4 ~ 5 d，在 18 ~ 20℃，7 ~ 10 d。成螨活泼，尤其雄螨。当取食部位变老时，立即向新的幼嫩部位转移并携带雌若螨，雌若螨在雄螨体上蜕一次皮变为成螨后，即与雄螨交配，并在幼嫩叶上定居下来。卵和幼螨对湿度要求高，只有在相对湿度 80% 以上才能发育，因此温暖多湿的环境有利于茶黄螨的发生。茶黄螨的传播蔓延除靠自身爬行外，借助风力及人为携带是远距离传播的主要途径。

防治措施

1. 农业防治

清除渠埂、田间周围及田间杂草，前茬蔬菜收获后要及早拉秧，彻底清除田间的落果、落叶和残枝，并集中焚烧，同时深翻耕地，压低越冬螨虫口基数；温室育苗期间防止螨源带入；控制温室内湿度在 80% 以下，可抑制茶黄螨卵及幼螨发育。

2. 化学防治

茶黄螨生活周期较短，繁殖力极强，应特别注意早期防治，田间发现株寄生率达到 5% 以上要及时喷药控制。可选用 24% 虫螨腈悬浮剂 2 000 ～ 2 500 倍液，或 15% 哒螨灵乳油 2 000 ～ 3 000 倍液，或 5% 唑螨酯悬浮剂 2 000 ～ 3 000 倍液，或 50% 溴螨酯乳油 1 000 ～ 2 000 倍液，或 2.5% 联苯菊酯乳油 3 000 倍液，或 5% 噻螨酮乳油 1 500 ～ 2 000 倍液，或 73% 炔螨特乳油 1 500 ～ 2 000 倍液，或 1.8% 阿维菌素乳油 3 000 ～ 4 000 倍液等喷雾，每隔 10 d 喷洒 1 次，连续防治 2 ～ 3 次。药剂要重点喷洒到植株上部的幼嫩部位，如嫩叶背面、嫩茎、花器、幼果等。

3. 叶螨

分布为害

叶螨俗称红蜘蛛，在河南省各地均有发生。在生产上造成为害较重的种类是朱砂叶螨、二斑叶螨、截形叶螨、山楂叶螨等。叶螨体型微小，主要为害叶片，常以若螨和成螨群聚叶背吸取汁液，使叶片呈灰白色或枯黄色细斑，严重时叶片干枯脱落（图 1，图 2）。也为害嫩梢、花蕾和果实。虫口数量急剧增加后常造成植株生长受抑制甚至枯死。被害作物往往稍矮，品质和产量明显下降。

形态特征

1. 朱砂叶螨

雌螨体长 0.48 mm，体宽 0.33 mm，椭圆形，锈红色或深红色，肤纹突三角形至半圆形，在身体两侧各具一倒“山”字形黑斑，体末端圆，呈卵圆形。雄螨体长 0.36 mm，体宽 0.2 mm，体色常为绿色或橙黄色，较雌螨略小，体后部尖削。卵圆形，初产乳白色，后期呈乳黄色，产于丝网上。

2. 二斑叶螨

雌成螨体长 0.42 ～ 0.59 mm，椭圆形，体背有刚毛 26 根，排成 6 横排。生长季节为白色、黄白色，体背两侧各具1块黑色长斑，取食后呈浓绿、褐绿色；当密度大，或种群迁移前体色变为橙黄色。在生长季节绝无红色个体出现。滞育型体呈淡红色，体侧无斑。与朱砂叶螨的最大区别为在生长季节无红色个体，其他均相同。雄成螨体长0.26 mm，近卵圆形，前端近圆形，腹末较尖，多呈绿色，与朱砂叶螨难以区分。卵为球形，长0.13 mm，光滑，初产为乳白色，渐变橙黄色，将孵化时现出红色眼点。幼螨在初孵时近圆形，体长0.15 mm，白色，取食后变暗绿色，眼红色，足3对。若螨期，前若螨体长0.21 mm，近卵圆形，足4对，色变深，体背出现色斑；后若螨体长0.36 mm，与成螨相似。与朱砂叶螨仅有下列区别：①体色为淡黄色或黄绿色；②后半体的肤纹突呈较宽阔的半圆形；③卵初产时为白色；④雌螨有滞育。

3. 截形叶螨

雌螨体长0.44 mm，体宽0.31 mm，椭圆形，深红色，足及颚体白色，体侧有黑斑。雄螨体长0.37 mm，体宽0.19 mm。

图1　叶螨为害茄子叶

图2　叶螨严重为害番茄造成干枯

发生规律

朱砂叶螨年发生10 ~ 20代，以雌成虫在杂草、枯枝落叶及土缝中越冬，翌春气温达10℃以上，即开始大量繁殖。3 ~ 4月先在杂草或其他寄主上取食，4月下旬至5月上中旬迁入菜田，先是点片发生，而后扩散全田。成螨羽化后即交配，第二天即可产卵，每只雌螨能产卵50 ~ 110粒，多产于叶背。卵期在15℃为13 d，20℃为6 d，22℃为4 d，24℃为3 ~ 4 d，29℃为2 ~ 3 d。由卵孵化出的1龄幼虫仅具3对足，2龄及3龄均具4对足（雄性仅2龄）。朱砂叶螨亦可孤雌生殖，其后代多为雄性。幼虫和前期若虫不甚活动，后期若虫则活泼贪食，有向上爬的习性，先为害下部叶片，而后向上蔓延。繁殖数量过多时，常在叶端群集成团，滚落地面，被风刮走，向四周爬行扩散。朱砂叶螨发育起点温度为7.7 ~ 8.8℃，最适温度为29 ~ 31℃，最适相对湿度为35% ~ 55%，因此高温低湿的6 ~ 8月为害重，尤其干旱年份易于大发生。但温度达30℃以上和相对湿度超过70%时，不利其繁殖，暴雨对其发生有抑制作用。

二斑叶螨年发生 12 ～ 15 代。以受精的雌成虫在土缝、枯枝落叶下或小旋花、夏至草等宿根性杂草的根际等处吐丝结网潜伏越冬。在树木上则在树皮下、裂缝中或在根茎处的土中越冬。当 3 月平均温度达 10℃左右时，越冬雌虫开始出蛰活动并产卵。越冬雌虫出蛰后多集中在早春寄主如小旋花、葎草、菊科、十字花科等杂草和草莓上为害，第一代卵也多产在这些杂草上，卵期 10 d 以上。成虫开始产卵至第 1 代幼虫孵化盛期需 20 ～ 30 d，以后世代重叠。在早春寄主上一般发生 1 代，于 5 月上旬后陆续迁移到蔬菜上为害。由于温度较低，5 月一般不会造成大的为害。随着气温的升高，其繁殖也加快，在 6 月上中旬进入全年的猖獗为害期，于 7 月上中旬进入年中高峰期。二斑叶螨营两性生殖，受精卵发育为雌虫，未受精卵发育为雄虫。每雌可产卵 50 ～ 110 粒，最多可产卵 216 粒。喜群集叶背主脉附近并吐丝结网，于网下为害，大发生或食料不足时常千余头群集于叶端成一虫团。

截形叶螨年发生 10 ～ 20 代，以雌螨在枯枝落叶或土缝中越冬。早春气温达 10℃以上，越冬成螨即开始大量繁殖，多于 4 月下旬至 5 月上中旬迁入菜田，先是点片发生，随即向四周迅速扩散。在植株上，先为害下部叶片，然后向上蔓延，繁殖数量过多时，常在叶端群集成团，滚落地面，被风刮走，扩散蔓延。发育起点温度为 7.7 ～ 8.8℃，最适温度为 29 ～ 31℃及相对湿度 35% ～ 55%，相对湿度超过 70% 时不利其繁殖。高温低湿则发生严重，所以 6 ～ 8 月为害严重。

防治措施

1. 农业防治

铲除田边杂草，清除残株败叶，可消灭部分虫源和早春寄主；天气干旱时，注意灌溉，增加菜田湿度，不利于其发育繁殖。

2. 化学防治

大发生情况下，主要采取化学防治，可以采用 21% 增效氰・马乳油 2 000 ～ 4 000 倍液，或 20% 甲氰菊酯乳油 2 000 倍液，或 2.5% 高效氯氟氰菊酯乳油 4 000 倍液，或 2.5% 联苯菊酯乳油 3 000 倍液，或 24% 虫螨腈悬浮剂 2 000 ～ 3 000 倍液，或 1.8% 阿维菌素乳油 2 000 倍液喷雾，每隔 10 d 喷洒 1 次，连续防治 2 ～ 3 次。

4. 蓟马

分布为害

蓟马是一种靠植物汁液维生的昆虫，在河南省各地均有发生，在生产上为害较重的种类有瓜蓟马、葱蓟马等。蓟马以成虫和若虫锉吸植株幼嫩组织（枝梢、叶片、花、果实等）汁液，被害的嫩叶、嫩梢变硬卷曲枯萎，植株生长缓慢，节间缩短；被害的幼嫩果实会硬化，严重时造成落果，影响产量和品质（图 1）。瓜蓟马主要为害各种瓜类作物及茄子等。葱蓟马寄主范围广泛，达30种以上，主要受害的作物有葱、洋葱、大蒜等百合科蔬菜和葫芦科、茄科蔬菜及棉花等。茄子受害时，叶脉变黑褐色，发生严重时，也影响植株生长。大葱受害时在葱叶形成许多长形黄白斑纹，严重时，葱叶扭曲枯黄（图 2，图 3）。

图 1　蓟马为害辣椒花

图 2　葱蓟马在大葱上为害状

图 3　葱蓟马为害大葱较重症状

形态特征

蓟马系小型昆虫，锉吸式口器。蓟马全生育阶段分卵、若虫、成虫三个阶段，属不完全变态类型。

瓜蓟马体长约 1 mm，金黄色，头近方形，复眼稍突出，单眼 3 只，红色、排成三角形，单眼间鬃位于单眼三角形连线外缘，触角 7 节，翅两对，周围有细长的缘毛，腹部扁长。卵长 0.2 mm，长椭圆形，淡黄色。若虫黄白色，3 龄，复眼红色。年发生 10 ~ 12 代，世代重叠。

葱蓟马又称烟蓟马、棉蓟马，体型较大，体长 1.2 ~ 1.4 mm，体色自浅黄色至深褐色不等。触角 7 节。翅狭长，翅脉稀少，翅的周缘具长缨毛。若虫共 4 龄。年发生 6 ~ 10 代，世代重叠。

发生规律

瓜蓟马的成虫活泼、善飞、怕光，有趋嫩绿的习性。白天一般集中在嫩梢或幼瓜的毛丛中取食，少数在叶背为害。雌成虫主要行孤雌生殖，偶尔进行两性生殖。卵散产于叶肉组织内。若虫也怕光，到 3 龄末期停止取食，落入表土“化蛹”，卵期 2 ~ 9 d，若虫期 3 ~ 11 d，“蛹期” 3 ~ 12 d，成虫寿命 6 ~ 25 d，此虫发育适温为 15 ~ 32℃，2℃仍能生存，但骤然降温易死亡。土壤含水量在 8% ~ 18% 时，“化蛹”和羽化率都高。

葱蓟马在 25 ~ 28℃下，卵期 5 ~ 7 d，幼虫期（1 ~ 2 龄）6 ~ 7 d，前蛹期 2 d，“蛹期” 3 ~ 5 d。成虫寿命 8 ~ 10 d。雌虫可行孤雌生殖，每雌平均产卵约 50 粒，卵产于叶片组织中，2 龄若虫后期，常转向地下，在表土中经历“前蛹”及“蛹”期。以成虫越冬为主，也有若虫在葱叶鞘内侧、土块下、土缝内或枯枝落叶中越冬，尚有少数以“蛹”在土中越冬。成虫极活跃，善飞，怕阳光，早、晚或阴天取食强。初孵幼虫集中在葱叶基部为害，稍大即分散。在 25℃和相对湿度 60% 以下时，有利于葱蓟马发生，高温、高湿则不利，暴风雨可降低发生数量，一年中以 4 ~ 5 月为害最重。

防治措施

因蓟马具有繁殖速度快、易发生成灾的特点，应加强田间观察，掌握发生动态，采取有力措施进行综合治理，在害虫初发期及时喷药防治。

1. 农业防治

早春清除田间杂草和枯枝残叶，集中烧毁或深埋，消灭越冬成虫和若虫。加强肥水管理，促使植株生长健壮，减轻为害。

2. 物理防治

利用蓟马趋蓝色的习性，在田间设置蓝色粘板，诱杀成虫，粘板高度与作物持平。

3. 化学防治

可选择 10% 多杀霉素悬浮剂 2 500 ~ 3 500 倍液，或 6% 乙基多杀菌素悬浮剂 3 000 ~ 6 000 倍液，或 24% 虫螨腈悬浮剂 2 000 ~ 3 000 倍液，或 10% 吡虫啉可湿性粉剂 1 000 倍液喷雾，隔 7 ~ 10 d 喷一次，连用 2 ~ 3 次。

5. 温室白粉虱

分布为害

河南省各地均有发生。成虫和若虫吸食植物汁液，被害叶片褪绿、变黄、萎蔫，甚至全株枯死，此外，由于其繁殖力强，繁殖速度快，种群数量庞大，群集为害，并分泌大量蜜液，严重污染叶片和果实，往往引起煤污病的大发生，使蔬菜失去商品价值。除为害番茄、青椒、茄子、马铃薯等茄科作物外，也为害黄瓜、菜豆等蔬菜。

形态特征

成虫体长 1 ~ 1.5 mm，淡黄色。翅面覆盖白蜡粉，停息时两翅合拢平覆在腹部上，通常腹部被遮盖，翅脉简单，沿翅外缘有一排小颗粒（图 1）。卵长约 0.2 mm，侧面观长椭圆形，基部有卵柄，柄长 0.02 mm，从叶背的气孔插入植物组织中，初产淡绿色，覆有蜡粉，而后渐变褐色，孵化前呈黑色。1 龄若虫体长约 0.29 mm，长椭圆形，2 龄约 0.37 mm，3 龄约 0.51 mm，淡绿色或黄绿色，足和触角退化，紧贴在叶片上营固着生活（图 2）；4 龄若虫又称伪蛹，体长 0.7 ~ 0.8 mm，椭圆形，初期体扁平，逐渐加厚呈蛋糕状（侧面观），中央略高，黄褐色，体背有长短不齐的蜡丝，体侧有刺（图 3）。

图 1　温室白粉虱成虫

图 2　温室白粉虱成虫及若虫

图 3　温室白粉虱成虫及伪蛹

发生规律

在温室一年可发生 10 余代，以各虫态在温室越冬并继续为害。成虫羽化后 1 ～ 3 d 可交配产卵，平均每雌产卵 142.5 粒。也可进行孤雌生殖，其后代为雄性。成虫有趋嫩性，在寄主植物打顶以前，成虫总是随着植株的生长不断追逐顶部嫩叶产卵，因此在作物上自上而下温室白粉虱的分布为新产的绿卵、变黑的卵、初龄若虫、老龄若虫、伪蛹、新羽化成虫。温室白粉虱卵以卵柄从气孔插入叶片组织中，与寄主植株保持水分平衡，极不易脱落。若虫孵化后 3 d 内在叶背可做短距离游走，当口器插入叶组织后就失去了爬行的机能，开始营固着生活。粉虱发育历期在 18℃为 31.5 d，24℃为 24.7 d，27℃为 22.8 d。各虫态发育历期，在 24℃时，卵期 7 d，1 龄 5 d，2 龄 2 d，3 龄 3 d，伪蛹 8 d。粉虱繁殖的适温为 18 ～ 21℃，在温室条件下，约 1 个月完成 1 代。温室白粉虱冬季在温室中越冬，第二年通过菜苗定植移栽时转入大棚或露地，或乘温室开窗通风时迁飞至露地。温室白粉虱的种群数量，由春季至秋季持续发展，夏季的高温多雨抑制作用不明显，到秋季数量达高峰。

防治措施

1. 农业防治

提倡温室第一茬种植温室白粉虱不喜食的芹菜、蒜苗等较耐低温的作物，而减少黄瓜、番茄的种植面积。培育“无虫苗”，把苗房和生产温室分开，育苗前彻底熏杀残余的温室白粉虱，清理杂草和残株，在通风口密封尼龙纱，有条件的可用 40 目的防虫网，控制外来虫源；生产中摘除的枝杈、枯老叶及时处理掉。

2. 物理防治

温室白粉虱对黄色有强烈趋性，可在温室内设置黄板诱杀成虫。在温室或露地开始可以悬挂 3 ～ 5 片诱虫板，以监测虫口密度，当诱虫板上诱虫量增加时，每亩地悬挂规格为 25cm × 30cm 的黄色诱虫板 30 片，或 25cm × 20cm 黄色诱虫板 40 片，或视情况增加诱虫板数量。悬挂高度以黄板下端高于植株顶部 15 ～ 20cm 为宜，并随着植株的生长随时调整。在保护地内悬挂诱虫板应适当靠近北墙，距北墙 1 米处诱虫效果较好。当诱虫板上粘的害虫数量较多时，用钢锯条或木竹片及时将虫体刮掉，需及时重涂粘油，可重复使用。黄板诱杀可与释放丽蚜小蜂等协调运用。

3. 化学防治

由于温室白粉虱世代重叠，在同一时间同一作物上存在各虫态，而当前药剂没有对所有虫态皆有效的种类，所以采用药剂防治法，必须连续几次用药。

（1）喷雾法。可选用 99% 矿物油乳油 200 ～ 300 倍液，或 3% 啶虫脒乳油 1 500 ～ 2 000 倍液，或 25% 吡蚜酮悬浮剂 2 500 ～ 4 000 倍液，或 25% 噻虫嗪水分散粒剂 2 500 ～ 4 000 倍液，或 24% 螺虫乙酯悬浮剂 2 000 ～ 3 000 倍液，或 1.8% 阿维菌素乳油 1 500 ～ 3 000 倍液，或 1% 甲氨基阿维菌素苯甲酸盐乳油 2 000 倍液，或 2.5% 联苯菊酯乳油 1 500 ～ 3 000 倍液，对叶片正反两面均匀喷雾，喷药时间最好在早晨露水未干时进行。

（2）熏烟法。可每亩用 22% 敌敌畏烟剂 300 ～ 400 g，或用 3% 高效氯氰菊酯烟剂 250 ～ 350 g，或用 20% 异丙威烟剂 200 ～ 300 g，傍晚点燃闭棚 12 h。

此外，由于温室白粉虱繁殖迅速易于传播，在一个地区范围内采取联防联治，以提高防治效果。

6. 美洲斑潜蝇

分布为害

河南省各地均有发生。成、幼虫均可为害黄瓜、豆角、番茄等多种作物，雌成虫飞翔把植物叶片刺伤，进行取食和产卵，幼虫潜入叶片和叶柄为害，产生不规则蛇形白色虫道，叶绿素被破坏，影响光合作用，受害重的叶片干枯脱落，造成花芽、果实被灼伤，严重的造成毁苗。美洲斑潜蝇发生初期虫道呈不规则线状伸展，虫道终端常明显变宽别于番茄斑潜蝇（图 1，图 2）。

图 1　美洲斑潜蝇为害番茄叶

图 2　美洲斑潜蝇为害黄瓜叶

症状特征

成虫：体长 1.3 ~ 2.3 mm，浅灰黑色，胸背板亮黑色，体腹面黄色，雌成虫体比雄虫大（图 3）。

卵：米色，半透明，大小（0.2 ~ 0.3）mm ×（0.1 ~ 0.15）mm。

幼虫：蛆状，初无色，后变为浅橙黄色至橙黄色，长 3 mm，后气门突呈圆锥状突起，顶端三分叉，各具一开口（图 4）。

图 3　美洲斑潜蝇成虫

图 4　美洲斑潜蝇幼虫

蛹：椭圆形，橙黄色，腹面稍扁平，大小（1.7 ~ 2.3）mm×（0.5 ~ 0.7）mm（图 5）。

美洲斑潜蝇形态与番茄斑潜蝇极相似，美洲斑潜蝇成虫胸背板亮黑色，外顶鬃常着生在黑色区上，内顶鬃着生在黄色区或黑色区上，蛹后气门三孔。而番茄斑潜蝇成虫内、外顶鬃均着生在黑色区，蛹后气门 7 ~ 12 孔。

图 5　美洲斑潜蝇蛹

发生规律

成虫以产卵器刺伤叶片，吸食汁液，雌虫把卵产在叶表皮下，卵经 2 ~ 5 d 孵化，幼虫期 4 ~ 7 d，末龄幼虫咬破叶表皮在叶外或土表下化蛹，蛹经 7 ~ 14 d 羽化为成虫，夏季 2 ~ 4 周完成 1 世代，冬季 6 ~ 8 周完成 1 世代，世代短，繁殖能力强。

防治措施

美洲斑潜蝇抗药性发展迅速，具有抗性水平高的特点，给防治带来很大困难，因此引起各地普遍重视。

1. 农业防治

及时清洁田园，把被美洲斑潜蝇为害作物的残体集中进行深埋、沤肥或烧毁。在美洲斑潜蝇为害重的地区，要考虑蔬菜布局，把其嗜好的瓜类、茄果类、豆类与其不为害的作物进行套种或轮作，适当疏植，增加田间通透性。

2. 物理防治

采用灭蝇纸诱杀成虫，在成虫始盛期至盛末期，每亩设置 15 个诱杀点，每个点放置 1 张诱蝇纸诱杀成虫，3 ~ 4 d 更换一次。

3. 化学防治

在受害作物叶片有幼虫 5 头时，掌握在 2 龄前（虫道很小时），喷洒 20% 阿维·杀虫单微乳剂 1 000 ~ 1 500 倍液，或 1.8% 阿维菌素乳油 1 500 ~ 3 000 倍液，或 50% 灭蝇胺可湿性粉剂 2 500 ~ 3 000 倍液，或 5% 定虫隆乳油 1 000 ~ 2 000 倍液，或 5% 氟虫脲乳油 2 000 倍液。防治时间掌握在成虫羽化高峰的 8 ~ 12 时效果好。因其世代重叠，要连续防治，视虫情 5 ~ 7 d 喷 1 次。

7. 菜粉蝶

分布为害

菜粉蝶又称菜青虫，在河南省各地均有发生。寄主植物有十字花科、菊科、茄科、苋科等9科35种，主要为害十字花科蔬菜，尤以甘蓝、花椰菜等受害比较严重。以幼虫食叶为害，2龄前只能啃食叶肉，留下一层透明的表皮；3龄后可蚕食整个叶片，轻则虫口累累，重则仅剩叶脉，影响植株生长发育和包心，造成减产（图1，图2）。此外，虫粪污染花菜球茎，降低商品价值。在白菜上，还能导致软腐病发生。

图1　菜粉蝶为害甘蓝大田

图2　菜粉蝶为害甘蓝

形态特征

成虫：体长 12 ~ 20 mm，翅展 45 ~ 55 mm；体灰黑色，翅白色，顶角灰黑色，雌蝶前翅有 2 个显著的黑色圆斑，雄蝶仅有 1 个显著的黑斑（图 3）。

卵：瓶状，高约 1 mm，宽约 0.4 mm，表面具纵脊与横格，初乳白色，后变橙黄色（图 4）。

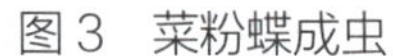

图 3　菜粉蝶成虫

图 4　菜粉蝶卵

幼虫：体青绿色，背线淡黄色，腹面绿白色，体表密布细小黑色毛瘤，沿气门线有黄斑。共 5 龄（图 5）。

蛹：长 18 ~ 21 mm，纺锤形，中间膨大而有棱角状突起，体绿色或棕褐色（图 6）。

图 5　菜粉蝶幼虫

图 6　菜粉蝶蛹

发生规律

以蛹越冬，大多在菜地附近的墙壁屋檐下或篱笆、树干、杂草残株等处，一般选在背阳的一面。翌春 4 月初开始陆续羽化，边吸食花蜜边产卵，以晴暖的中午活动最盛。卵散产，多产于叶背，平均每雌产卵 120 粒左右。卵的发育起点温度 8.4℃，有效积温 56.4 d℃，发育历期 4 ~ 8 d；幼虫的发育起点温度 6℃，有效积温 217 d℃，发育历期 11 ~ 22 d；蛹的发育起点温度 7℃，有效积温 150.1 d℃，发育历期（越冬蛹除外）5 ~ 16 d；成虫寿命 5 d 左右。

菜粉蝶发育的最适温度 20 ~ 25℃，相对湿度 76% 左右，与甘蓝类作物发育所需温、湿度接近，因此，在春、秋两茬甘蓝大面积栽培期间，菜粉蝶的发生形成春、秋两个高峰。夏季由于高温及甘蓝类栽培面积的大量减少，菜粉蝶发生较轻。

防治措施

1. 农业防治

清洁田园，十字花科蔬菜收获后，及时清除田间残株老叶和杂草，减少菜青虫繁殖场所和消灭部分蛹。

2. 生物防治

保护利用广赤眼蜂、微红绒茧蜂、凤蝶金小蜂等天敌；或用 16 000 IU/mL 苏云金杆菌可湿性粉剂 200 ~ 600 倍液喷雾防治幼虫。

3. 化学防治

幼虫发生盛期可选用 40% 辛硫磷乳油 600 ~ 800 倍液，或 20% 氰戊菊酯乳油 2 000 ~ 3 000 倍液，或 2.5% 溴氰菊酯乳油 1 500 ~ 2 000 倍液，或 2.5% 高效氯氟氰菊酯乳油 1 500 ~ 2 000 倍液，每隔 7 ~ 10 d 喷 1 次喷雾 2 ~ 3 次。

8. 小菜蛾

分布为害

小菜蛾俗称“吊丝虫”，在河南省各地普遍发生。主要为害甘蓝、白菜、油菜、萝卜等十字花科植物。初龄幼虫仅能取食叶肉，留下表皮，在菜叶形成一个个透明的斑，3 ~ 4 龄幼虫可将菜叶食成孔洞和缺刻，严重时全叶被吃成网状（图 1）。在苗期常集中心叶为害，影响包心。在留种菜上，为害嫩茎、幼荚和籽粒，影响结实。

图 1 小菜蛾为害白菜

形态特征

成虫：灰褐色小蛾，体长6～7 mm，翅展12～15 mm，翅狭长，前翅后缘呈黄白色3度曲折的波纹，两翅合拢时呈3个接连的菱形斑（图2）。前翅缘毛长并翘起如鸡尾。

卵：扁平，椭圆状，约0.5 mm×0.3 mm，黄绿色。

幼虫：初孵幼虫深褐色，后变为绿色。老熟幼虫体长约10 mm，黄绿色，体节明显，两头尖细，腹部第4～5节膨大，故整个虫体呈纺锤形，并且臀足向后伸长（图3）。

蛹：长5～8 mm，黄绿色至赤褐色，肛门周缘有钩刺3对，腹末有小钩4对。茧薄如网（图4）。

图2　小菜蛾成虫

图3　小菜蛾幼虫

图4　小菜蛾幼虫及蛹

发生规律

年发生4～5代，以蛹在残株落叶、杂草丛中越冬，翌春5月羽化，成虫昼伏夜出，白天仅在受惊时，在株间作短距离飞行。成虫产卵期可达10 d，平均每雌产卵100～200粒，卵散产或数粒在一起，多产于叶背脉间凹陷处。卵期3～11 d。幼虫共4龄，发育历期12～27 d。幼虫活跃，遇惊扰即扭动、倒退或翻滚落下。老熟幼虫在叶脉附近结薄茧化蛹，蛹期约9 d。小菜蛾的发育适温为20～30℃，在5～6月及8月呈两个发生高峰，以春季为害重。

防治措施

1. 农业防治

合理布局，尽量避免小范围内十字花科蔬菜周年连作；对苗田加强管理，及时防治，避免将虫源带入田内；蔬菜收获后，要及时处理残株败叶或立即翻耕，可消灭大量虫源。

2. 物理防治

小菜蛾有趋光性，在成虫发生期，每 10 亩设置一盏黑光灯，可诱杀大量小菜蛾，减少虫源。

3. 生物防治

用 16 000 IU/mL 苏云金杆菌可湿性粉剂 200 ～ 600 倍液喷施防治幼虫。

4. 化学防治

用 0.5% 甲氨基阿维菌素苯甲酸盐微乳剂 2 000 ～ 3 000 倍液，或 1.8% 阿维菌素乳油 2 000 ～ 3 000 倍液，或 2.5% 多杀霉素悬浮剂 1 000 ～ 2 500 倍液，或 4.5% 高效顺反氯氰菊酯乳油 3 000 倍液，或 6% 阿维 · 氯苯酰悬浮剂 1 500 ～ 2 000 倍液，或 15% 茚虫威水分散粒剂 5 000 ～ 7500 倍液，或 6% 乙基多杀菌素悬浮剂 1 500 ～ 3 000 倍液喷雾。

9. 瓜绢螟

分布为害

瓜绢螟又名瓜螟、瓜野螟，在河南省各地均有发生。主要为害葫芦科各种瓜类及番茄、茄子等蔬菜，低龄幼虫在叶背啃食叶肉，呈灰白斑，3 龄后吐丝将叶或嫩梢缀合，匿居其中取食，致使叶片穿孔或缺刻，严重时仅留叶脉。幼虫常蛀入瓜内，影响产量和质量。

形态特征

成虫：体长 11 mm，翅展 25 mm，头、胸黑色，腹部白色，但第 1、7、8 节黑色，末端具黄褐色毛丛。前、后翅白色透明，略带紫色，前翅前缘和外缘、后翅外缘呈黑色宽带（图 1）。

卵：扁平，椭圆形，淡黄色，表面有网纹。

幼虫：末龄幼虫体长 23 ～ 26 mm，头部、前胸背板淡褐色，胸腹部草绿色，亚背线呈两条较宽的乳白色纵带，气门黑色（图 2）。

图 1　瓜绢螟成虫

蛹：长约 14 mm，深褐色，头部光整尖瘦，翅端达第 6 腹节。外被薄茧。

图 2 瓜绢螟幼虫

发生规律

以老熟幼虫或蛹在枯叶或表土越冬，翌年 4 月底羽化，5 月幼虫为害。7 ~ 9 月发生数量多，世代重叠，为害严重。11 月后进入越冬期。成虫夜间活动，稍有趋光性，雌蛾产卵于叶背，散产或几粒在一起，每个雌蛾可产卵 300 ~ 400 粒。幼虫 3 龄后卷叶取食，蛹化于卷叶或落叶中。卵期 5 ~ 7 d；幼虫期 9 ~ 16 d，共 4 龄；蛹期 6 ~ 9 d；成虫寿命 6 ~ 14 d。

防治措施

1. 农业防治

及时清理瓜地，消灭藏匿于枯落叶中的虫蛹；在幼虫发生初期，及时摘除卷叶，以消灭部分幼虫。

2. 化学防治

幼虫盛发期，掌握在 3 龄前，用 20% 氰戊菊酯乳油 3 000 倍液，或 5% 高效氯氰菊酯乳油 1 000 倍液，或 2% 阿维菌素乳油 2 000 倍液，或 48% 毒死蜱乳油 1 000 倍液喷雾。

10. 马铃薯瓢虫

分布为害

马铃薯瓢虫又名二十八星瓢虫，在河南省各地均有发生。主要为害马铃薯、茄子、辣椒等茄科蔬菜，也为害菜豆、豇豆、瓜类、白菜等，以山区、半山区发生较多。以成虫、若虫取食叶片、果实和嫩茎，被害叶片仅留叶脉及上表皮，形成许多不规则透明的凹纹，后变为褐色斑痕，过多会导致叶片枯萎（图

1，图 2）；被害果上则被啃食成许多凹纹，逐渐变硬，并有苦味，失去商品价值。

图 1　马铃薯瓢虫严重为害马铃薯

图 2　马铃薯瓢虫为害马铃薯叶片状

形态特征

成虫：体长 7 ~ 8 mm，半球形，赤褐色，密披黄褐色细毛。前胸背板前缘凹陷而前缘角突出，中央有一较大的剑状斑纹，两侧各有 2 个黑色小斑（有时合成一个）。两鞘翅上各有 14 个黑斑，鞘翅基部 3 个黑斑后方的 4 个黑斑不在一条直线上，两鞘翅合缝处有 1 ~ 2 对黑斑相连（图 3）。

卵：长 1.4 mm，纵立，鲜黄色，有纵纹（图 4）。

幼虫：体长约 9 mm，淡黄褐色，长椭圆状，背面隆起，各节具黑色枝刺（图 5）。

蛹：长约 6 mm，椭圆形，淡黄色，背面有稀疏细毛及黑色斑纹。尾端包着末龄幼虫的蜕皮（图 6）。

图 3　马铃薯瓢虫成虫

图 4　马铃薯瓢虫卵

图 5　马铃薯瓢虫幼虫

图 6　马铃薯瓢虫蛹

发生规律

在河南省 1 年 2 代，以成虫群集越冬。一般于 5 月开始活动。6 月上中旬为产卵盛期，6 月下旬至 7 月上旬为第一代幼虫为害期，7 月中下旬为化蛹盛期，7 月底至 8 月初为第一代成虫羽化盛期，8 月中旬为第二代幼虫为害盛期，8 月下旬开始化蛹，羽化的成虫自 9 月中旬开始寻求越冬场所，10 月上旬开始越冬。成虫以上午 10 时至下午 4 时最为活跃，午前多在叶背取食，下午 4 时后转向叶面取食。成虫、幼虫都有残食同种卵的习性。成虫假死性强，并可分泌黄色黏液。越冬成虫多产卵于马铃薯苗基部叶背，20 ~ 30 粒靠近在一起。越冬代每雌可产卵 400 粒左右，第 1 代每雌产卵 240 粒左右。卵期第 1 代约 6 d，第二代约 5 d。幼虫夜间孵化，共 4 龄，2 龄后分散为害。幼虫发育历期第 1 代约 23 d，第 2 代约 15 d。幼虫老熟后多在植株基部茎上或叶背化蛹，蛹期第 1 代约 5 d，第 2 代约 7 d。

防治措施

1、农业防治

人工捕捉成虫，利用成虫假死习性，用盆接并叩打植株使之坠落，收集消灭；人工摘除卵块，此虫产卵集中成群，颜色鲜艳，极易发现，易于摘除。

2、化学防治

在幼虫分散前的有利时机，可用 20% 氰戊菊酯乳油 2 000 ~ 3 000 倍液，或 2.5% 溴氰菊酯乳油 2 000 ~ 3 000 倍液，或 2.5% 高效氯氟氰菊酯乳油 2 000 ~ 3 000 倍液，或 40% 辛硫磷乳油 600 ~ 800 倍液喷雾。

11. 韭菜迟眼蕈蚊

分布为害

韭菜迟眼蕈蚊又名韭蛆、黄脚蕈蚊，在河南省各地均有发生，主要为害韭菜。幼虫聚集在韭菜地下部的鳞茎和柔嫩的茎部为害。初孵幼虫先为害韭菜叶鞘基部和鳞茎的上端。春、秋两季主要为害韭菜的幼茎引起腐烂，使韭叶枯黄而死。夏季幼虫向下活动蛀入鳞茎，重者鳞茎腐烂，整墩韭菜死亡。

形态特征

成虫：为小型蚊子，体长 2.0 ~ 5.5 mm，黑褐色，头小，复眼相接，触角丝状，16 节，有微毛。前翅前缘脉及亚前缘脉较粗，足细长褐色。腹部细长，8 ~ 9 节，雄蚊腹部末端具 1 对铗状抱握器。

卵：椭圆形，乳白色，0.24 mm × 0.17 mm。

幼虫：体细长，6 ~ 7 mm，头漆黑色有光泽，体白色，无足（图 1）。

蛹：裸蛹，初期黄白色，后转黄褐色，羽化前呈灰黑色；头为铜黄色，有光泽。

图 1　韭菜迟眼蕈蚊幼虫为害韭菜

发生规律

1 年发生 4 代，以幼虫在韭菜鳞茎内或韭根周围 3 ~ 4cm 表土层以休眠方式越冬（在温室内则不冬眠，可继续繁殖为害）。翌春 3 月下旬开始化蛹，持续至 5 月中旬。4 月初至 5 月中旬羽化为成虫。各代幼虫出现时间为：第 1 代 4 月下旬至 5 月下旬，第 2 代 6 月上旬至下旬，第 3 代 7 月上旬至 10 月下旬，第 4 代（越冬代）10 月上旬至翌年 4 月底 5 月初。越冬幼虫将要化蛹时逐渐向地表活动，大多在 1 ~ 2cm 表土中化蛹，少数在根茎里化蛹。成虫喜在阴湿弱光环境下活动，以 9 ~ 11 时最为活跃，为交尾盛时，下午 4 时后至夜间栖息于韭田土缝中，不活动。成虫有多次交尾习性，交尾后 1 ~ 2 d 将卵产在韭株周围土缝内或土块下，大多成堆产，每雌抱卵量为 100 ~ 300 粒。成虫善飞翔，间歇扩散距离可达百米左右。幼虫孵化后便分散，先为害韭株叶鞘、幼茎及芽，而后把茎咬断蛀入其内，并转向根茎下部为害。土壤湿度是韭蛆孵化和成虫羽化的重要因素，3 ~ 4cm 土层的含水量以 15% ~ 24% 最为适宜，土壤过湿或过干不利于其孵化和羽化。成虫对未腐熟的粪肥没有趋性，因此施用有机肥的腐熟程度与此虫的发生无关。一般黏土比沙壤土发生量小，土壤板结的地块成虫羽化率明显降低。

防治措施

1. 农业防治

冬灌或春灌可消灭部分幼虫，如适量加入农药，效果更佳。

2. 化学防治

成虫羽化盛期喷洒 2.5% 溴氰菊酯乳油 3 000 倍液，或 20% 氰戊菊酯乳油 3 000 倍液，或 75% 辛硫磷乳油 1 000 倍液，以上午 9 ~ 10 时施药效果最佳。幼虫为害始盛期，发现叶尖开始发黄变软并逐渐向地面倒伏，即应灌根防治，可结合浇水，亩用 40% 辛硫磷乳油 800 mL 冲施，或用 2% 吡虫啉颗粒剂 1 000 ~ 1 500 g 撒施后浇水。

12. 南瓜实蝇

分布为害

南瓜实蝇又名南亚果实蝇，为我国二类植物检疫对象，是河南省补充植物检疫对象。其雌成虫产在幼瓜上的卵孵化后，幼虫在幼瓜内蛀食为害，受害重时，致瓜脱落，整瓜被蛀食一空，全部腐烂。受害轻的，瓜虽不脱落，但生长不良，摘下贮存数日即变腐烂（图 1 ~ 图 7）。南瓜实蝇取食范围广，主要为害葫芦科植物，如南瓜、苦瓜、丝瓜、冬瓜、笋瓜、西葫芦、葫芦、黄瓜、甜瓜、西瓜，还可为害茄子、番茄、辣椒等。

图 1　南瓜实蝇为害南瓜前期，南瓜外部症状

图 2　南瓜实蝇为害南瓜中期，南瓜外部症状

图 3　南瓜实蝇为害南瓜中期，南瓜外部症状

图 4　南瓜实蝇为害南瓜后期，南瓜外部症状

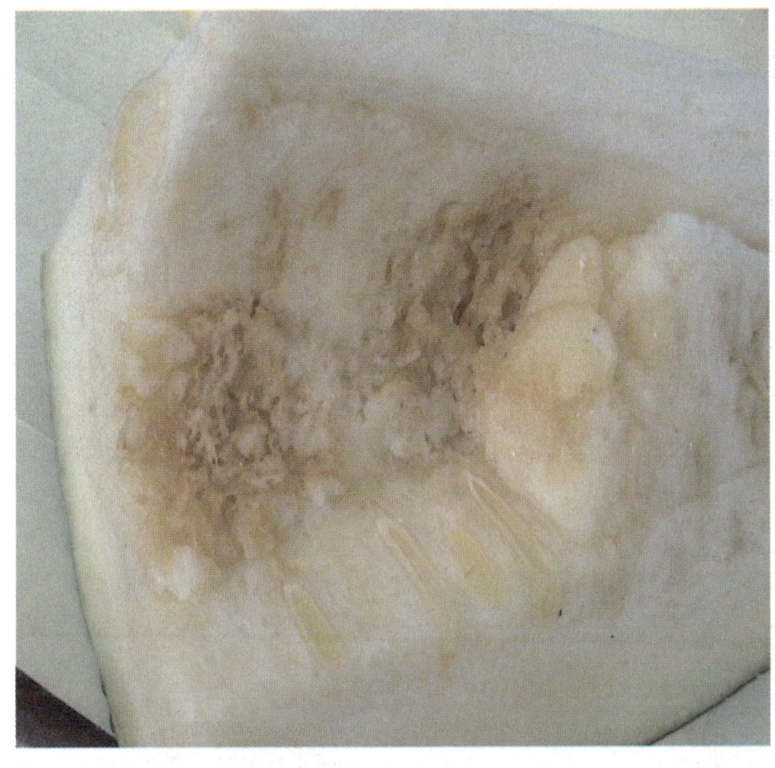

图 5　南瓜实蝇为害南瓜前期瓜瓤

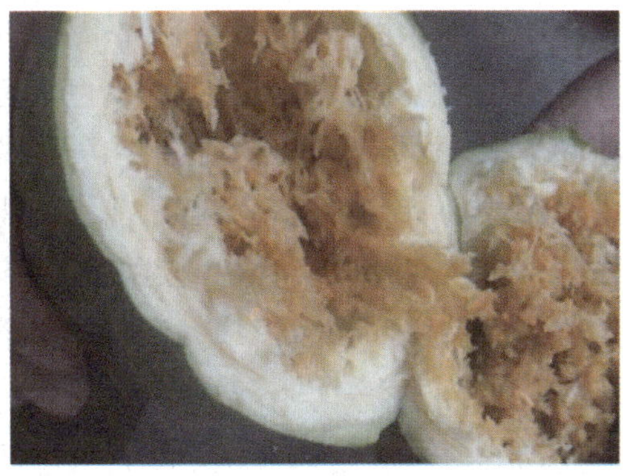

图 6　南瓜实蝇为害南瓜中后期瓜瓤症状

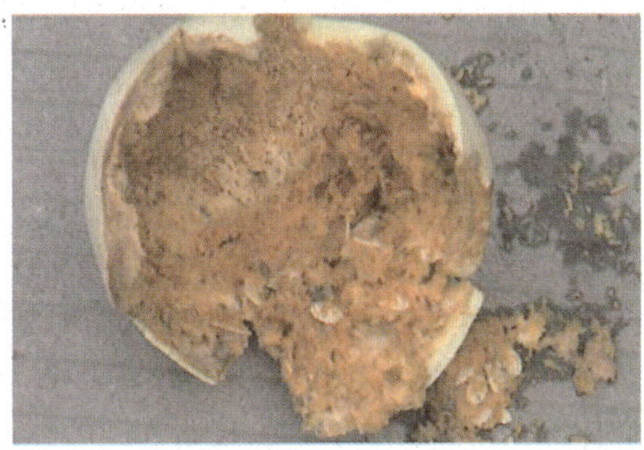

图 7　南瓜实蝇为害南瓜后期瓜瓤

形态特征

图 8　南瓜实蝇雌、雄虫

成虫：黑色与黄色相间，雌体长 12.0 ～ 13.0 mm，雄体长 9 ～ 10 mm，翅展 5.7 ～ 8.5 mm；头部颜面黄色，颜面斑黑色，中等大，近卵形。中胸背板黄褐色，具缝后侧和中黄色条，在侧和中色条之间具黑褐色斑，各肩胛之后也是；缝后侧黄色条两侧平行并终于上后翅上鬃之后；中胸背板前部和前中部几乎到缝为锈色，有一狭窄的中褐色到黑色条从近中胸横沟缝伸出至上后翅上鬃处。小盾片黄色，具一狭窄的暗褐色基带，2 对小盾端鬃。足腿节黄色，前足和后足胫节褐色，中足胫节淡褐色。翅前缘带狭窄，在翅端扩宽成翅端斑（图 8）。

腹部大部分黄色，背板侧缘狭黑色，第 2 和第 3 节背板具黑色基带，第 2 节的基带在背板侧中断，第 3 节的完整，第 4 和 5 节背板基侧黑色，除黑色的中纵色条外为黄色到锈色，中纵黑色条伸抵第 5 节背板末端。第 2、3 节背板黑色横带与第 3 ～ 5 节背板末端中央的黑色纵带相交成“T”字形，第 4 和第 5 节两侧具黑色短条，且不与中纵带相连。雄虫第 5 腹板后缘略凹，阳茎背针突长，叶上端略弯。雌虫产卵管端部渐尖，端前刚毛紧靠末端。

卵：乳白色，长 0.8 ~ 1.2 mm，一头尖，一头钝。

幼虫：蛆状，初龄幼虫乳白色，老熟幼虫黄白色，长 10 ~ 11 mm，前端尖，后端圆；口钩内缘中央处具一小尖刺突起；前气门指突通常为 15 ~ 18 个，排列成一行；老熟幼虫在其后气门区与肛区间有一暗褐色短线，刮吸式口器，呼吸系统属两端气门。

蛹：圆筒形，黄褐色，随着蛹龄的增加色泽变深，长 5 ~ 7 mm，宽 2 ~ 3 mm（图 9）。

图 9　南瓜实蝇蛹

发生规律

以蛹在土中越冬，少数个体来不及脱离寄主在被害瓜内越冬。成虫羽化可在全天内进行，但以上午 9 ~ 10 时最盛，初羽化成虫较活泼，到处爬动，并常用后足拔动前翅，经半小时后，翅则展平，体色、翅斑也逐渐显露完全，随后可飞翔，活动取食。成虫晴天喜飞翔在瓜田，阴雨天则躲藏在瓜叶及杂草下面。交配后，雌虫将产卵管刺入瓜内 4 ~ 5 mm。卵一般产在幼瓜或带有伤口或裂缝的寄主上，产卵数量不等，最多可达 200 粒（图 10）。孵化出的幼虫取食果肉，单瓜内幼虫可多达百余头（图 11）。幼虫弹跳能力强（图 12），能从硬地面弹跳至 30 ~ 50 cm 高度，老熟后，从腐烂瓜内钻出弹射跳离瓜果入土化蛹（图 13）。

图 10　南瓜实蝇在南瓜上的产卵孔

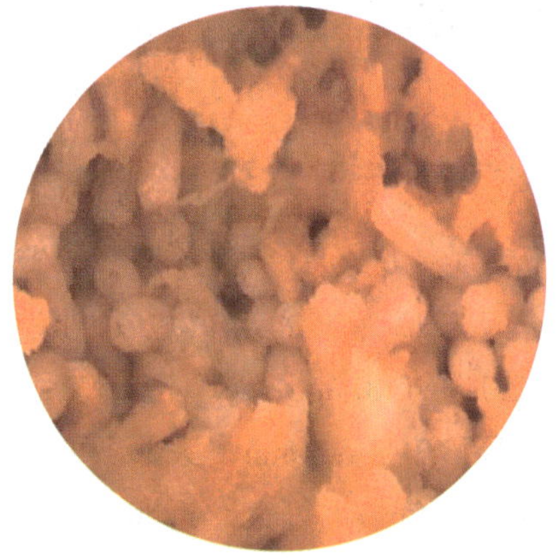

图 11　南瓜瓜瓤中的幼虫

图 12　南瓜实蝇老熟幼虫弹跳瞬间

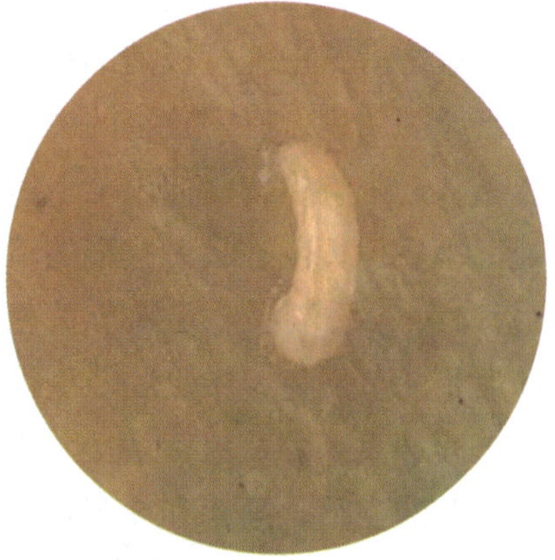

图 13　南瓜实蝇老熟幼虫钻出南瓜

成虫在寄主果实上产卵，幼虫在果实中成长。此虫的传播，主要是通过人为活动如运输或其他携带方式，将含有卵或幼虫的受害果实从一地传到另一地。

防治措施

1. 植物检疫

加强检疫，严禁从病区调运受害果实，防止虫害蔓延。

2. 农业防治

冬季翻耕灭蛹；轮作或不连片种植嗜好作物；及时清除虫害瓜果。

3. 物理防治

用性诱剂、毒饵或粘虫胶诱（粘）杀成虫。或用果实套袋法，将幼瓜（果）套袋，避免成虫产卵。

4. 化学防治

（1）土壤处理：在 5 月下旬，选用 3% 辛硫磷颗粒剂每亩 3 ～ 4 kg，拌细土对瓜园进行地面撒施，以杀死羽化成虫；10 月底用 3% 辛硫磷颗粒剂每亩 3 ～ 4 kg，或 5% 丁硫克百威颗粒剂每亩 3.5 ～ 4 kg，拌细土 25 ～ 30 kg，于傍晚均匀撒施地表，杀灭入土化蛹幼虫和围蛹，可有效控制翌年的虫害基数。

（2）喷雾处理：在成虫发生期用 80% 敌敌畏乳油 800 ～ 1 000 倍液，或 90% 晶体敌百虫 800 ～ 1 000 倍液，或 1.8% 阿维菌素乳油 800 ～ 1 000 倍液，按 30 ∶ 1 的比例加入红糖稀释液喷雾，隔 6 ～ 7 d 喷 1 次，连续喷 3 ～ 4 次。10 月对发生重、落果多的瓜园可用 10% 氯氰菊酯乳油 2 000 倍液，或 25% 溴氰菊酯乳油 3 000 倍液喷施，隔 10 ～ 15 d 喷 1 次，连续 2 ～ 3 次。瓜果收获前 15 d 停止用药。

13. 葱斑潜蝇

分布为害

葱斑潜蝇又名葱潜叶蝇、韭菜潜叶蝇、肉蛆，在河南省各地均有发生，主要为害葱、韭菜、洋葱、蒜、姜等蔬菜。幼虫在叶组织内蛀食成隧道，呈曲线状或乱麻状，影响作物生长（图 1）。

图 1　葱斑潜蝇在大葱上为害状

形态特征

成虫：体长 2 mm，头部黄色，头顶两侧有黑纹；复眼红黑色，周缘黄色；单眼三角区黑色；触角黄色，芒褐色；胸部黑色有绿晕，上被淡灰色粉，肩部、翅基部及胸背的两侧淡黄色；小盾片黑色，腹部黑色，各关节处淡黄色或白色；足黄色，基节基部黑色，胫节、跗节先端黑褐色；翅脉褐色，平衡棒黄色。

幼虫：体长 4 mm，宽 0.5 mm，淡黄色，细长圆筒形，尾端背面有后气门突 1 对（图 2）；体壁半透明，内脏从外面隐约可见。

蛹：长 2.8 mm，宽 0.8 mm，褐色，圆筒形略扁，后端略粗。

图 2　葱斑潜蝇幼虫

发生规律

以蛹越冬或越夏。成虫活泼，飞翔于葱株间或栖息于叶筒端。幼虫在叶组织中的隧道内能自由进退，并在叶筒内外迁移为害部位。成熟幼虫即在蛀道中化蛹。

防治措施

1. 农业防治

加强肥水管理，使用充分腐熟的有机肥，增施磷钾肥，适时灌溉，培育壮苗；发现受害叶片随时摘除，集中沤肥或掩埋；收获完毕及时彻底清除田间植株残体和杂草。

2. 化学防治

可在成虫盛发期喷洒 21% 氰戊菊酯·马拉硫磷乳油 6 000 倍液；在幼虫为害期喷洒 25% 喹硫磷乳油 1 000 倍液，或用 50% 灭蝇胺可湿性粉剂 2 000 ~ 3 000 倍液，或 1.8% 阿维菌素水乳剂 750 ~ 1 500 倍液。